创新工程与创新型人才培养系列丛书

创新的方法——TRIZ 理论概述

沈萌红　编著

内 容 简 介

苏联发明家阿奇舒勒在1946年创立了TRIZ理论。经过几十年的发展，TRIZ理论已成为了一种具有成熟理论和方法体系的、较强实用性的创新工具，对激发人们的创新意识和创新潜能，实现技术创新具有重要的指导作用。

本书在简单地介绍创新、创新思维和常见创新技法的基础上，对TRIZ理论中的各个重要组成部分进行了详细介绍，并对其中体现的思想和相互关系进行了分析，给出了大量的应用实例。

本书可作为高等学校创新理论教学的教材，也可作为工程技术人员的参考书。

图书在版编目(CIP)数据

创新的方法——TRIZ理论概述/沈萌红编著. —北京：北京大学出版社，2011.9
（创新工程与创新型人才培养系列丛书）
ISBN 978-7-301-19453-9

Ⅰ.①创… Ⅱ.①沈… Ⅲ.①创造学—高等学校—教材 Ⅳ.①G305

中国版本图书馆CIP数据核字(2011)第183348号

书　　名：	创新的方法——TRIZ理论概述
著作责任者：	沈萌红　编著
责 任 编 辑：	童君鑫
标 准 书 号：	ISBN 978-7-301-19453-9/TH·0263
出 版 者：	北京大学出版社
地　　址：	北京市海淀区成府路205号　100871
网　　址：	http://www.pup.cn　http://www.pup6.cn
电　　话：	邮购部 62752015　发行部 62750672　编辑部 62750667　出版部 62754962
电 子 邮 箱：	pup_6@163.com
印 刷 者：	涿州市星河印刷有限公司
发 行 者：	北京大学出版社
经 销 者：	新华书店
	787毫米×1092毫米　16开本　11印张　252千字
	2011年9月第1版　2016年4月第2次印刷
定　　价：	28.00元

未经许可，不得以任何方式复制或抄袭本书之部分或全部内容。
版权所有，侵权必究　　举报电话：010-62752024
　　　　　　　　　　　　电子邮箱：fd@pup.pku.edu.cn

前　言

创新是人类社会发展的原动力，而人的创造力则在创新活动中起着决定性的作用。人的创造力是一种资源，但又与其他有形的物质资源不同，人的创造力可以被激发、再生、重复利用，是无穷尽的，它对社会发展的作用也是不可估量的。

谈及创新，必须明确一点："创新是艰苦的，而创新活动应该是非功利的。"尽管创新可以创造大量的财富，但也会使你"一无所有"。当你想到硫化橡胶的发明人，你就不会认为创新等同于财富；当你想到有那么多杰出的数学家为了"平行公理"而默默地死去，你就不会为功利而去创新。"独上高楼，望尽天涯路"，创新是美好和崇高的，但只有经历"衣带渐宽终不悔"的人，才有可能得到"蓦然回首，那人却在，灯火阑珊处"的成功喜悦。

有一个经常被提及的问题：创新有无技法？这是一个既简单又复杂的问题。如果说"不存在创新技法"，但确实存在一些可以被参考的，又有许多成功实例佐证的方法；如果说"存在创新技法"，但事实上当某人遵循技法进行创新时并不能必然地得到满意的结果。"创新无技法，创新又有技法"，不管何种创新技法，它们只是一种指引，而比技法更重要的是在创新过程中的"付出"和"觉悟"。从生活中发现问题，并以必胜的信念去实践，在实践中积累经验，实现更好的创新结果。如果理解了这一点，对有无技法这一问题的讨论也就变得不那么重要了。

本书从创造学和创新思维发展的基本理论出发，对被西方国家称为"点金术"的TRIZ理论的几个主要部分进行了较为详细的阐述，并在其中给出了本人的一些思考和觉悟。由于TRIZ理论的各组成部分间存在着密切的关联性，所以在介绍过程中会出现某种程度的"重复"，希望读者不要拘泥于表面上的"重复"，而要将注意力集中在为何有这样的"重复"上，从而获得"条条大路通罗马"的感受，更好地理解"殊途同归"的含义。

本书在撰写过程中得到了浙江大学陈秀宁教授的指导，特此感谢。

限于本人水平，虽然参考了众多研究者的成果，但仍有许多值得改进的地方，希望读者不吝指教。创新是在社会进展中不可回避的问题，共同的探索才有可能得出更符合规律的创新技法。

沈萌红
2011年6月于杭州

目 录

第1章 绪论 ………………………………… 1
 1.1 创新的迫切性和重要性 ………… 1
 1.2 高校在创新人才培养中的责任 …… 2
 1.3 本课程的学习内容和目的 ………… 3
 习题及思考题 …………………………… 4

第2章 创新和创新思维 ………………… 5
 2.1 几个基本概念 …………………… 5
  2.1.1 与创新相关的几个词汇 …… 5
  2.1.2 创造力 …………………… 6
 2.2 创造性思维 ……………………… 8
  2.2.1 思维概述 ………………… 8
  2.2.2 思维定势 ………………… 9
  2.2.3 创新思维 ………………… 10
 2.3 STC和九屏幕法 ………………… 16
  2.3.1 STC算子方法 …………… 16
  2.3.2 系统思维的九屏幕法 …… 17
 习题及思考题 …………………………… 19

第3章 常见创新方法概述 ……………… 20
 3.1 概述 ……………………………… 20
 3.2 奥斯本检核表法和头脑风暴法 … 21
  3.2.1 奥斯本检核表法 ………… 21
  3.2.2 头脑风暴法 ……………… 23
 3.3 TRIZ理论概述 …………………… 24
  3.3.1 TRIZ的产生和推广 ……… 24
  3.3.2 TRIZ的重大发现 ………… 25
  3.3.3 TRIZ的定义 ……………… 26
  3.3.4 TRIZ的基本构成 ………… 26
  3.3.5 TRIZ方法和试错法的区别 ………………………… 28
  3.3.6 TRIZ在问题解决中的作用 …………………………… 29
  3.3.7 现代TRIZ研究的发展 …… 30
 习题及思考题 …………………………… 30

第4章 发明创造和理想解 ……………… 32
 4.1 概述 ……………………………… 32
 4.2 理想化和理想解 ………………… 33
  4.2.1 最终理想解和理想度 …… 35
  4.2.2 理想实验方法 …………… 37
  4.2.3 系统理想化的方法 ……… 38
 4.3 发明活动中的资源利用 ………… 40
  4.3.1 资源类型 ………………… 41
  4.3.2 理想化和资源应用 ……… 43
 习题及思考题 …………………………… 45

第5章 发明原理和矛盾冲突 …………… 46
 5.1 概述 ……………………………… 46
 5.2 矛盾和冲突 ……………………… 49
  5.2.1 问题和矛盾 ……………… 50
  5.2.2 TRIZ对冲突（矛盾）的分类和认识 ………………… 51
 5.3 标准工程参数 …………………… 53
 5.4 技术冲突和解决方法 …………… 56
  5.4.1 矛盾矩阵 ………………… 56
  5.4.2 应用矛盾矩阵的步骤 …… 57
  5.4.3 应用实例 ………………… 59
 5.5 物理冲突 ………………………… 63
  5.5.1 空间分离原理 …………… 64
  5.5.2 时间分离原理 …………… 65
  5.5.3 基于条件的分离 ………… 67
  5.5.4 总体与部分的分离 ……… 69
 5.6 技术矛盾与物理矛盾的关系 …… 69
  5.6.1 技术矛盾向物理矛盾的转换 …………………………… 69

5.6.2 分离原理与创新原理的对应 …… 71
习题及思考题 …… 72

第6章 技术系统的进化模式 …… 74
6.1 概述 …… 74
  6.1.1 TRIZ进化模式体系的几种表述 …… 74
  6.1.2 TRIZ进化模式的功用分类 …… 76
6.2 S曲线进化和技术成熟度分析 …… 77
  6.2.1 技术系统进化的S曲线 …… 78
  6.2.2 技术系统的成熟度预测 …… 79
6.3 系统进化的战术性规则 …… 81
  6.3.1 动态性进化法则 …… 82
  6.3.2 系统集成后再简化法则 …… 85
  6.3.3 子系统协调性法则 …… 89
  6.3.4 向微观级和场的应用进化法则 …… 90
  6.3.5 增加自动化、减少人工介入的进化法则 …… 91
习题及思考题 …… 92

第7章 物-场模型分析基础 …… 94
7.1 概述 …… 94
7.2 物-场模型的基本构成 …… 95
7.3 物-场模型的类型 …… 96
  7.3.1 不完整的物-场模型（不完整模型）…… 96
  7.3.2 效应不足但完整的物-场模型（效应不足模型）…… 99
  7.3.3 具有有害效应的完整物-场模型（有害效应模型）…… 100
  7.3.4 物-场分析的一般解决方法 …… 101
7.4 效应 …… 103
习题及思考题 …… 103

第8章 发明原理的应用 …… 105
8.1 概述 …… 105
8.2 功能和原理方案确定 …… 106
  8.2.1 功能的分解和组合 …… 106
  8.2.2 功能实现和操作的便利性 …… 115
  8.2.3 实现功能所采用的效应考虑 …… 118
8.3 功能实现中的材料问题 …… 121
8.4 结构形态与功能实现 …… 123
8.5 对成本问题的几点提示 …… 127
习题及思考题 …… 128

第9章 ARIZ85简介 …… 130
9.1 概述 …… 130
9.2 ARIZ85的基本流程介绍 …… 132
  9.2.1 ARIZ的问题分析和描述 …… 132
  9.2.2 ARIZ的问题模型分析 …… 135
  9.2.3 确定理想化的最终结果和物理矛盾 …… 135
  9.2.4 调用物-场资源 …… 137
  9.2.5 运用知识库 …… 140
  9.2.6 变换或替换问题 …… 141
  9.2.7 分析所得的解决方案 …… 142
  9.2.8 已得方案的运用 …… 143
  9.2.9 方案流程分析 …… 143
9.3 几点提示 …… 143
习题及思考题 …… 144
期末作业 …… 145

附录 …… 147
附录1 TRIZ理论的40条发明原理 …… 147
附录2 TRIZ矛盾矩阵 …… 151
附录3 76个标准解 …… 161
附录4 科学效应和现象清单 …… 164

参考文献 …… 167

第 1 章 绪 论

1.1 创新的迫切性和重要性

创新是人类永恒的话题，人类改造世界的冲动创造了丰富多彩的大千世界。当前世界正处于技术创新的高峰期，各种新技术、新能源、新工艺层出不穷，多种类型的新事物不断涌现。这些趋势不但体现了社会的进步，也对身处新时代的人们提出了更多、更高的要求。中华民族是一个具有创新传统的民族，早在16世纪之前，中华民族曾以无与伦比的创造发明和辉煌千古的历史文化，雄踞于世界民族之林。"四大发明"是古代中国的骄傲，但在第一次工业革命以来，中国在世界重大科学发展和发明中的地位受到了很大的挑战，这不能不引起我们的惊觉。

一个国家创新能力的高低在很大程度上决定了这个国家的综合实力。中国已成为一个国际公认的制造大国，但中国还不是一个创新大国，也不是制造强国。由于知识产权不在中国，一些在中国制造的、附加值较高的商品，其大部分利润并不能归属于中国。图1.1

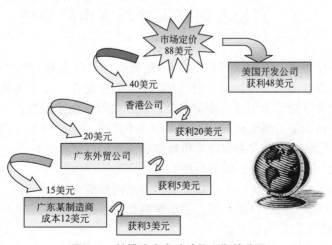

图 1.1 触摸式发声地球仪利润的分配

所示为某触摸式发声地球仪的在整个流通过程中的利润分配，从图中可以看出，尽管中国耗费了大量的原材料，但所获的利润还不如国外开发公司的6%。

图1.2 微笑曲线

著名的"微笑曲线"理论(Smiling Curve)由宏碁集团创办人施振荣先生在1992年为"再造宏碁"而提出，它是一条两端朝上的微笑嘴型曲线(图1.2)，由三部分组成：中间是制造；左边是研发，属于全球性的竞争；右边是营销，主要是当地性的竞争。

微笑曲线形象地表示了研发、制造、营销这3个产品链条上的不同环节对产品附加值的贡献。根据微笑曲线理论，在产业链中，附加值更多地体现在两端，即设计和销售；而处于中间领域的制造企业，尤其是处于中心的组装领域，所创造的附加值最低。近年来，随着制造工艺的标准化以及"模块化"技术的发展，产业内的各工序被调整和分割，进入壁垒不断降低，从事生产制造环节的企业数量不断增大，这导致竞争更加激烈，而企业的议价和控制能力则逐渐变弱，利润递减。在这样的背景下，拥有较强研发能力和品牌基础的发达国家将低附加值的生产工序委托给发展中国家，将竞争重点从产品制造逐步向产业链的两端转移，从而致使价值链上研发与品牌环节利润进一步递增。图1.1所给出的利润分配很好地说明了这一点。

谁都清楚这样的事实：一个国家的发展不能依赖于资源消耗，特别是不能依赖于不可再生资源的消耗。在许多强国一边指责别国实行资源保护政策，而另一边则将本国的资源封存的时候，在一个资源拥有国可以以其资源影响世界走向的时候，中国作为一个人均资源拥有量远低于世界平均水平的国家，更不可能依赖物质资源的消耗成为真正的世界制造强国。

除通常的有形资源以外，在创新活动中起决定性作用的"人的创造力"也是一种资源，而且是重要而独特的资源，它的不可穷尽性，它的可激发、再生和多用性使得它在社会发展中起着不可估量的作用。要真正成为制造强国，中国必须坚持发挥人的创造力，走自主创新的道路，真正掌握产品的核心技术。

1.2 高校在创新人才培养中的责任

要建设创新型的国家，人才培养是关键。"创新强国，匹夫有责"。2008年4月28日科技部、发改委、教育部、科协国科发财[2008]197号文件《关于加强创新方法工作的若干意见》指出：要坚持政府引导、多方参与、试点先行、稳步推进、立足国情、注重实效的原则，重点面向企业、科研机构、教育系统3个群体，完成以下几方面的任务。

(1) 加强科学思维培养，大力促进素质教学和创新精神培养。
(2) 加强科学方法的研究、总结和应用。
(3) 大量推进技术创新方法应用，切实增强企业创新能力。
(4) 着力推进科学工具的自主创新、逐步摆脱我国科研受制于人的不利局面。
(5) 推进创新方法宣传和普及。
(6) 积极开展国内外合作交流创新。

作为全世界发展的一种趋势，联合国教科文组织在调研的基础上对 21 世纪的教育特点进行了预测，给出了以下五大特点。

（1）教育的指导性。21 世纪的教育将更强调教育的指导作用。采用注入教学模式、用统一的方式塑造学生的局面将被打破，而转为更强调充分发挥学生的特长，强调自主学习。

（2）教育的综合性。教育将更强调对学生综合运用知识和解决问题能力的培养。

（3）教育的社会性。教育将由封闭的校园转向开放的社会，由教室转向图书馆、企业等社会活动场所。

（4）教育的终身性。在信息社会，知识迅速更替，创新不断强化，使得人们的学习行为普遍化和社会化。人们必须不断地学习以适应社会的变化。

（5）教育的创造性。为适应社会发展和自身发展的需要，必须建立重视能力培养的教育观，致力于学生创造性和创新能力的培养。

历史和现实都赋予了当前的高等教学以重要的责任：培养更多的具有创新精神和创新能力的创造性人才。创新能力的培养首先是创新观念的培养和创新冲动的培育；其次才是创新思维的形成和创新技法的掌握。创新的关键在于发现问题，所以除了了解并掌握基本的创新思维方法和创新技法以外，建立起发现问题的习惯和解决问题的热情更是创新人才培养中需要重点关注的："感悟"、"实践"、"总结"，如此往复。

1.3 本课程的学习内容和目的

掌握创新理论和创新技法对人们理解产品设计，开阔设计者的思路有着重要的作用。虽然创新理论不一定能使我们获得一个完整的创新产品，但却能使产品在构思阶段就埋下更具有竞争力的种子。

鉴于创新的重要性，人们对创新理论和技法的研究从来就没有停止过。1991 年 12 月 25 日苏联解体后，一种原不被人所知的创新方法"TRIZ 理论"从苏联传向了欧美各国，后来又被推广至更多的国家。由于 TRIZ 基于知识的特点和在创新活动中的广泛适用性，它得到了更多人的认可和重视，并被西方国家称为点金术；而 TRIZ 理论的研究、应用和教学也成为众人关注的问题。本课程将在介绍创新思维和创新方法基本特点的基础上，重点介绍 TRIZ 理论中的问题分析方法和发明原理。

通过本课程的学习，希望达到以下目的。

（1）了解创新思维和创新方法的基本特点和过程。

（2）了解 TRIZ 理论的基本构成和内涵。

（3）了解理想解和技术系统进化的基本概念。

（4）能较自觉地运用 40 条发明原理分析现有产品所用的创新技术，并能用这些原理解决简单的实际问题。

（5）了解各类技术冲突和物理冲突的基本概念和解决冲突的基本技法。

（6）基本掌握物-场分析的基本方法和标准解的概念。

（7）初步了解 ARIZ85 的工作流程。

习题及思考题

1. 微笑曲线理论的基本含义是什么？谈谈你对微笑曲线的理解并给出实例分析。
2. 在国内市场上有许多贴牌产品，请选择一种贴牌产品进行企业调查，分析各部分利润的构成。
3. 谈谈你对创新的重要性的看法。

第 2 章
创新和创新思维

创新是人类进步过程中的一个永恒话题，而思维则是人脑所具有的一种基本功能。创新需要创造性思维，而只有当人们在合适的思维模式下思考时，创新活动才有可能顺利地进行。人的思维是自然的，因为它是人类的本性，但它也是可以被引导的。本章将对有关创新和创新思维的问题进行简单的说明。

2.1 几个基本概念

在进行创新思维的介绍之前，了解一些与之相关的基本概念将有助于我们更好地理解有关内容。

2.1.1 与创新相关的几个词汇

基于创新在人类社会进步中的重大作用，与创新相关的话题和表述也成了人们研究的对象。一些与"创新"类似的词汇，如"创造"、"发现"、"发明"、"革新"、"创意"等通常会造成一些困惑。人们会提出这样一些问题："这些词汇之间究竟有什么区别？"，"有没有必要去区分？"，"如何去区分？"，等等。

尽管对上述词汇的各种解释更多的是属于词汇学的概念，但明确这些概念所存在的既有联系、又有区别的特点，对更好地理解创新的概念和内涵还是有益的和必要的。

(1) 创造(Creation)。创造是指"第一次提出、造出的东西"，是首次产生物质或精神成果的行为。创造有狭义和广义之分。狭义的创造指的是：科学、技术、方法和产品在世界范围内的首次产生，是一种"无中生有"的过程，故也被称为首创或原创。狭义的创造将"对已有事物进行改进"排除在外；而广义的创造是指"首次独立地成功做成自己从未做成过的，也不知别人做成过的，或知道别人做成过但不知别人怎样做的事"。

(2) 创新(Innovation)。创新指的是第一次应用的事物或方法，是将发明和创造实用化的过程。创新也有狭义和广义之分。狭义的创新就是建立一种新的生产函数，在经济活动中引入新的思想、方法以实现生产要素的组合。在某种意义上说，创新就是对科学技术发现、发明和创造的实际应用，在这里，创新是一个经济学的概念。广义的创新和广义的创造几乎没有什么差别，既包括一切从无到有的创造，也包括一切与以前既有的东西相比具有新的形式和新的内容的新事物。

(3) 发明(Invention)。发明指的是"通过思维或实验方法首先为一项科学或技术难题找到或发现解决方案或解决方法"，准确地说，一件发明就是一个以物质形态或概念形态存在的新的实体。发明和创造是非常接近或等同的概念。

(4) 革新(Renovation)。革新的含义是"革除旧的、创造新的行为或过程"。革新是一种具有高度创造性的、但并不一定是首次被使用的方案。所以，所有的发明都是革新，但反之则不然。

(5) 创意(Originality)。创意是一种能够创造物质财富和精神价值的思维。创意常与艺术结合在一起，其主要作用是视觉效果，所以创意往往是虚构的、示意的。因此，创意并不等同于创新，但一个好的创意可以最终引导出创新的结果。

(6) 发现(Discovery)。发现是指对以前所未知的事物、现象及其规律性的一种认识过程，是"第一次明确表述早已存在的客观事实、规律与现象"。

尽管对上述的词汇作了许多解释，但对于某些词汇的解释是存在争议的，如对于"创造"和"创新"就有如下几种不同的说法：

(1) "等同说"。即认为两者实质相同，不需要进行区别。

(2) "本质不同说"。即认为"创造"是"无中生有"，"创新"是"有中生新"，两者本质不同。

(3) "包含说"。即认为"创新"只是"创造"的一个环节，"创造"包含了"创新"。

(4) "交叉说"。即认为"创造"和"创新"的内涵同时存在相容和不相容部分，两者处于交叉状态。

从实用的角度来看，不管是"创造"、"创新"，还是"发现"、"发明"，它们在词汇学概念上的不同对人类追求改变世界的理想并没有什么实质性的影响，在后面的阐述中，本文将不对上述概念作刻意的区分。

2.1.2　创造力

"创造力"有多种定义，目前较为一致的定义是："根据一定的目的和任务，运用一切已知信息，开展能动思维活动，产生出某种新颖、独特、有社会或个人价值的产品的智力品质。"

作为公认的观点，创造力应该具有以下主要特征。

(1) 创造力是人人都具有的潜力。

(2) 创造力可以通过学习、教育而被激发。

(3) 创造力是创新思维的成果。

(4) 创造力是诸多能力的综合表现。

(5) 创造成果的首创性是其本质特征。

(6) 创造力的成果需具有社会或个人价值。

创造力由多方面因素构成，如智能和知识因素、创造性思维和创造技法因素、技能因素、非智力因素、环境和信息因素、身心因素等。

（1）智能和知识因素。知识是创造性思维得以进行的基础，也是创造力的基础，对于工程技术人员而言，与学科相关的基础和专业知识是从事工程创造发明的前提；而智能因素将影响个体对具体问题进行感知和概括的深度和有效性，以及对问题解决方案选择的可行性和合理性。

（2）创造性思维和创造技法因素。创造力是创造性思维的外部表现，是将创造性思维物化的能力；而创造技法可以使创造者在进行创造活动时有规律可循，提高创造的效率。

（3）技能因素。如前所述，创造力的最终成果是物化的，而要实现物化就需要具有进行物化的技能。对于工程技术人员而言，就是具有利用工具进行设计及表达，使用设备进行制造、检测和试验的能力。

（4）非智力因素。非智力因素也称为情感智力。"锲而不舍"是获得成功的重要保证，而良好的道德情操、乐观向上的品性、勇于探索的精神、敢于克服困难的勇气以及与人协作等也都是成功的保证。

（5）环境和信息因素。环境因素指的是创造主体和创造对象之外的客观存在，它有宏观和微观之分。宏观环境所指的是创造主体所处的社会制度、国家的政策、社会道德规范和观点等；微观环境指的是创造主体所处的工作环境和家庭环境等；而信息因素指的是影响创造活动、创造主体、创造性思维的媒介输入和获取信息的能力。不同的环境和信息将会对大脑皮层产生不同的刺激，从而影响创造者对同一事物的反映结果。

（6）身心因素。身心因素指主体的心理和生理状态。

（7）创造力可以被培养。有研究表明，人们的创新能力与人的年龄有关，也与所接受的创新教育的培养有关。对于未受创新培训的人，创造力达到最高的年龄为12岁；而在接受创新能力的培训以后，不但达到最高创造力的年龄后移，而且最大创造力的值也发生了变化，图2.1给出了受到不同创新培训的人的创造力变化曲线。

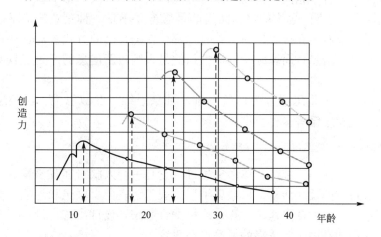

图 2.1　创造力与创新培训的关系

创造力的特征和构成因素给了人们一些简单的启示：你具有创造力，而且这一创造力是可以在你努力下得到提升的；但如果你希望创造，那么你就要认定一个具有首创性的（别人没有发现，或没有成功的）项目去发挥自己本身就具有的创造力，当你获得一个具有社会或个人价值的成果时，也就体现了你的创造力。

2.2 创造性思维

创造性结果的获得在很大程度上归功于创新性思维的正确运用。创造性思维首先是一种思维，但却与一般的思维有着许多的不同。

2.2.1 思维概述

思维是人脑对信息进行有意识或无意识的、直接或间接的加工，从而产生新信息的过程。被加工的信息来自于客观世界，它们可能是刚被接受的，也可能是早已存储于大脑之中的。在人们的思维活动中，原料是信息，产品也是信息，但后者应该是前者的升华。

人类的思维具有以下几个特征：

(1) 间接性和概括性。思维的间接性和概括性指的是：经思维活动所产生的新信息已经不再是人们直接感知的信息，而是在略去了事物之间的具体差异，抽取其共同本质或特征以后而形成的新信息。

(2) 多层性。思维的多层性指的是：尽管被作为加工原料的原始信息可能完全相同，但经思维活动后，经加工出来的新信息可以是完全不相同的，它们可以存在不同的层次。这种差异性和层次性表现在不同的思维主体（人）对相同的原始信息可能得出不同的思维结果上，也体现在同一个人在不同的场合或时间对同样的感知信息可能给出不同的思维结果上。理解这一点并不困难：首先，思维不是单一的对感知信息进行加工的过程，而是在调用了存储于人脑中的各类存储信息后的加工；其次，不同的个体或同一个体在不同场景下对感知信息所采用的信息加工方式（思维方式）各不相同。由于已存储信息的种类和数量以及对信息的加工方式各不相同，所以必然有可能得出不同层次的思维结果。

(3) 自觉性和创造性。思维的自觉性指的是思维并不是一种刻意的追求，而是人脑的一种自觉的活动。所有人在接收到新信息时，都会根据自己的方式去对这些信息进行自觉的加工，而得到新的信息；而思维的创造性指的是人脑对新信息的产生过程必然是一种创造过程。

按不同的特点，可将思维分为形象思维、抽象思维、发散思维、收敛思维、动态思维、有序思维、直觉思维等多种类型。

1. 形象思维和抽象思维

形象思维也称为具体思维或具体形象思维。它是一种人脑对客观事物或现象的外在特点和具体形象所进行的反映活动。形象思维形式表现为表象、联想和想象。如建筑师在设计房子时要把他记忆中的众多建筑式样、风格融合起来，设计出符合设计任务要求的、新的建筑物，在这一活动中主要依靠的就是形象思维。

抽象思维也称为逻辑思维，是凭借概念、判断、推理而进行的反映客观现实的思维活动。抽象思维的思维材料和表达方式侧重于语言、思维推理、数字、符号等。在进行科学研究中，研究人员先从具体问题出发，搜集有关信息和资料，然后通过抽象思维，运用理论分析处理，并在试验中将抽象思维转化为高级的具体思维，从而完成研究任务。

形象思维和抽象思维是人脑不同部位对客观实体的反映活动，左脑是抽象思维中枢，右脑则是形象思维中枢,两个半脑在每秒钟里往返传送多达数亿个的神经冲动,因此形象思维和抽象思维是人类认识过程中不可分离的两个方面。

2. 发散思维和收敛思维

发散思维又叫辐射思维、扩散思维、分散思维、求异思维、开放思维等。在发散思维过程中,以准备解决的问题为中心,运用横向、纵向、逆向、分合、颠倒、质疑、对称等思维方式,找出尽可能多的答案,以从众多答案中获取一个最佳的答案。发散性思维是创造性思维的基本形式,对此将在后面作更多的介绍。

收敛思维又称辐轴思维、集中思维、求同思维等。它是以某种研究对象为中心,将众多的思路和信息汇集于这个中心点,通过比较、筛选、组合、论证,得出现存条件下的最佳方案。

发散思维让人们能够从更多的角度去思考问题,而收敛思维则帮助人们获得一个或几个最佳的可行方案。创新活动中光有发散思维是不够的,发散思维还必须与收敛思维相结合才有可能获得有价值的创新方案。发散思维和收敛思维的有效结合则构成了创新过程的一个循环。

3. 动态思维和有序思维

动态思维是一种不断调整、不断优化的思维过程。它的特点是不断地改变思维的角度和思维的次序,以适应不断变化的环境,从而达到优化的思维结果。动态思维是我们工作和学习中经常用到的思维方式。适时地利用动态思维,就会得到"有心栽花花不开,无心插柳柳成荫"的效果,众所周知的弗莱明(图2.2)发现青霉素的故事就是动态思维的成功之作。

有序思维是一种按一定的规则和秩序进行有目的的思维方式,它是创造学研究者的目标,也是众多创造方式的基础。我们后面将提及的奥斯本检核表法和物-场分析法就是有序思维的产物。

图 2.2 亚历山大·弗莱明

4. 直觉思维

直觉思维是创造性思维的一种主要表现形式,它是一种非逻辑抽象思维,是人脑基于有限的外部信息,利用人脑充分的知识储备,摆脱惯有的逻辑思维规律,对新事物、新现象、新问题的一种直接、迅速、敏锐的洞察和跳跃性的判断。直觉思维有时被称为灵感,灵感可遇而不可求,但它肯定只属于始终思考着的、有准备的大脑。例如,尽管法国医生拉哀奈克发明听诊器(图2.3)的灵感来源于轻叩跷跷板时的感觉,但可以肯定的是:他在日常的从医经历中对类似于"听诊器"之类的仪器充满了渴望。

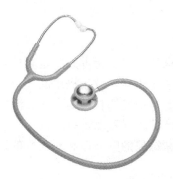

图 2.3 医用听诊器

2.2.2 思维定势

思维定势也称为思维惯性,它所指的是一种迫使人们以惯有的思维方式和思维方向对所遇到的问题进行思考的保守观念。思维惯性是影响创新能力发挥的关键因素，当人们陷于习惯性思维、单向思维、线性思维，而在解决问题时只能机械地重复原先的行为时，就很难产生出创新和灵感了。

有这样一个故事，科学家将4只猴子关在一个房子里。实验者在房间上端的一小洞口放了一串香蕉，第一只猴子刚到洞口近处就被实验者泼出的热水烫伤了；而另外3只猴子去拿香蕉时，它们也同样被热水烫伤。如此经历多次，4只猴子就再也不敢去取香蕉了。过了几日，实验者换了一只猴子进去。新进的猴子也想去拿香蕉，此时奇怪的事情发生了，剩下的3个猴子马上阻止了它，并告知了危险；当又过几日，实验者又换入一个猴子时，此时不但两个老猴子上去劝阻，就是后来换进去的猴子也加入了劝阻的行列。猴子的行为和思维被群体惯性约束住了。

从心理学的观念来看，思维惯性是人的一种与生俱来的自然能力，是充分认识周围世界时应该具有的一个必要素质，在许多情况下它可以帮助人们很快地找到解决问题的方法，加快学习知识的速度。但从创新的观点来看，思维惯性通常是有害而无益的。

在人们的思维过程中，惯性的力量是强烈和难以察觉的，人们会不自觉地沿着思维惯性的方向进行思考。学习创新方法，就是要打破思维惯性，跳出所有的思维模式和圈子，以创新的思路和视角看待问题、分析问题、解决问题，形成进行创新性思维的习惯。图2.4是一种用脚控制的鼠标，这显然是设计者打破思维惯性的产物。

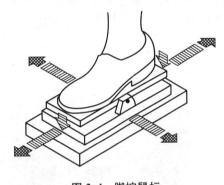

图2.4　脚控鼠标

2.2.3　创新思维

思维的特征决定了在思维过程中的信息积累以及建立正确的、高效的思维方式的重要性。培养创造性思维的目的就是试图提升人们创造力，使人们具有更强的信息处理能力和更有效的思维能力。

从思维的本质来看，所有思维都具有创造性思维的因素。所以说，创造性思维既是一种思维类型，又是一种建立在上述各种思维之上的最高层次的思维活动。

1. 创新思维的基本特征

作为最高层次的思维活动，创造性思维具有以下特点：

（1）创造性思维追求结果的突破性和新颖性。

创造性思维是突破性思维，其本质特征是"求异"和"求新"，"前无古人"是其追求的目标。所以，创新思维要求创新者敢于怀疑，敢于批判，敢于否定，敢于提出问题，突破各种成见、偏见和思维定势，超越原有的思维框架，从而更好地发挥自己的潜能，激发自己的灵感和直觉，使思维结果达到更新知识和理念，发现新的原理和规律的目的。

创新需要成果，创新者需要获得成就感，创新思维对创新结果的突破性和新颖性的追求为激发人们的再次创新的热情提供了重要的保证。

（2）创造性思维所采用的思维方法具有多样性、灵活性和开放性特点。

在创造过程中创造者应该根据具体的创新对象和所处的不同阶段，灵活地运用发散思维、顺向思维、逆向思维、侧向思维、收敛思维、"智力图像"等多种思维方式，而不拘泥于某种特定的模式，从而保证思维的流畅性、独特性和灵活性，提高产生创新结果的效率。许多重要的发明和发现都是通过在适当的时候采用了合适的思维方法而获得的。

例如，高精密度的机械需要高精度的机械零件。为提高机械零件的加工精度，根据顺向思维，人们不断地提高加工母机的制造精度。但是，机械加工精度的提高不但受制于现有的技术条件，而且由于加工精度与成本的非线性关系（即在达到某一精度级别后，成本的增加将出现突变）母机加工精度的提高可能使成本大幅度提高，最终影响技术的推广。如果我们采用侧向思维，即寻求侧向突破的思维方式就有可能发现如下的解决可能：随着光电测控和数字技术的高速发展，现有的技术已能够保证我们对加工过程进行实时的检测和调整，如果采用实时补偿的方法就有可能获得被加工零件的高精度。事实上，当前许多高精度的加工设备正是采用了这一原理。

（3）创新思维的深刻性和独立性。

创新思维具有独立性，创造者应该具有独立思考的能力和习惯，而不是人云亦云。通过深层次的思考，透过事物的表象看问题，获得事物的本质特征，从而发现事物的内在规律，预测事物的发展趋势和未来状态。

（4）创新思维和结果的意外性和非逻辑性。

创造性思维和创造性结果的产生离不开紧张的思维和认真努力地为解决问题所作的准备工作，但创造性结果的出现时机却往往是在思维主体处于长期紧张之后的暂时松弛状态，如睡觉、听音乐、散步等，有许多时候往往应验了这句话："踏破铁鞋无觅处，得来全不费工夫。"

在许多情况下，新发现的获得只是一种奇遇，而不是逻辑分析的结果。在经历了长期的有意识的创造过程以后，而最终的结果却是在偶然因素的触发下获得的，这种科学发现的模式已被许多历史事实所证实。这说明创造性思维具有潜意识的自觉性。所以，逻辑性的思考虽然是思维过程的主体，但非逻辑的思考往往会给人以全新的启示。

2. 创新思维过程的几个阶段

研究表明，创新思维的进展具有明确的规律性，通常分为准备、酝酿、顿悟和验证四个阶段。

（1）准备阶段。创新的冲动来源于对现实的不满足，对已有结论的怀疑。发现问题是创新思维准备阶段的关键，也是所有创新活动的起点。在发现问题后，创造者应从各个方面充分地收集资料和信息，包括从他人的经验和教训之中，也包括对旧的问题和关系中发现新的信息。

（2）酝酿阶段。酝酿阶段是一个漫长的阶段，创造者根据自己提出的问题以及所收集的材料进行思考，做出各种可能的假想方案。在这一阶段，潜意识和显意识交替，发散思维和收敛思维同时作用，抽象和形象、归纳与概括、推理和判断等各种思维方式被能动地使用。在这一阶段，创造者可能从开始时的亢奋转向平稳，也可能会转向其他的问题，但在他的大脑里问题和思绪仍在，这种看似"冬眠"的状态孕育着突破性的进展。

（3）顿悟阶段。在顿悟阶段，在各种创新方法的指引下，在获得突破性和新颖性结果的潜意识的驱使下，灵感突然降临，新意识、新观念、新思想和新发明由此产生。

(4) 验证阶段。所有的新意识、新观念、新思想和新发明都必须得到科学的验证。在这一阶段通常采用的是逻辑的方法,通过观察、实验、分析等多种方法证明新结果的可重复性、合理性、严谨性、严密性和可行性。如遭否定,创新又将回到酝酿阶段。

创新思维进展规律性的揭示可以给人们几点启示。

(1) 在问题确定后,信息的积累是创新得以实现的第一要素。

(2) 问题的解决可能是一个漫长的过程,失败是正常的,而快速的成功反而可能是不正常的。

(3) 只要经过内心充分的酝酿和苦心竭虑的思考,创新就会成为创造者的潜意识活动,顿悟虽不知何时到来,却极有可能在意料之外的时刻到来。

3. 常用的创新思维方式

创新思维是人类所具有的特质,但创新思维需要也可以培养。人类在生产和实践过程中总结出了许多可以创新地解决问题的思维方式,这些方式代代传承,不断地丰富和发展,当人们能自觉地运用这些方式并形成习惯时,就能用那些看似简单的方法解决大问题。

图 2.5 司马光砸缸

1) 简化思维

在解决科学或现实问题时,从省略开始,通过提炼出、抽象出主要矛盾并略去其他矛盾,从而将复杂问题简单化就是所谓的简化思维。正确和有效地运用简化思维方法的关键在于"简化应该是适到好处的"。我们熟知的"司马光砸缸"的故事(图 2.5)就是一个简化思维的例子,当有人掉入缸中,最重要的事情就是救人,别的都是次要的,都可以被忽略;但如果当时掉进去的只是一把螺丝刀,但却作出了砸缸的决定,那就太不值当了。

【例 2-1】 太空中没有重力,一般的水笔无法书写。如何解决太空中宇航员的书写问题。

解:这是一个看似十分复杂的问题。但通过简化思维,我们发现该问题的本质是写字,既然如此,我们可以采用一个十分简单的方法将其解决:不用需要重力的水笔,而改用依靠摩擦的铅笔,早期的宇航员采用的就是这样最原始的方法[①]。

2) 逆向思维

逆向思维就是从问题的相反方向去思考问题。当一个问题很长时间得不到解决时,换一个角度,从相反的方向进行思考可能会得到意想不到的结果。

【例 2-2】 为尝试用欧氏几何学的前 4 条公设证明平行公设(也称为第五公设)耗费了数代科学家的心血,但都不成功,反而创造了违反平行公设的双曲几何即罗氏几何(罗巴

---

① 当然用铅笔写字存在着一些问题,如笔迹容易模糊等。1965 年美国有人花费 200 余万美金终于研究出了能在太空书写的水笔,但这与我们讨论的简化思维问题无关。

切夫斯基几何），这引起了许多科学家的困惑。

根据逆向思维，意大利数学家贝尔特拉米(Eugenio Beltrami)（图 2.6）尝试证明了平行公设独立于前 4 条公设[①]；并在 1868 年发表了一篇著名论文《非欧几何解释的尝试》，证明非欧几何可以在欧几里得空间的曲面（例如拟球曲面）上实现。这就是说，人们既然承认欧几里得是没有矛盾的，所以也就自然承认非欧几何没有矛盾了。直到这时，长期无人问津的非欧几何才开始获得学术界的普遍注意和深入研究，罗巴切夫斯基的独创性研究也就由此得到学术界的高度评价和一致赞美，他本人则被人们赞誉为"几何学中的哥白尼"。

图 2.6　贝尔特拉米

3) 发散思维

问题的解决方法和答案不是唯一的，在解决问题时应该从问题出发多途径地提出解决问题的方案，这就是发散性思维方式给我们的提示。

对于"铅笔有什么用处？"这样一个问题，如果你的回答只是："铅笔是用来写字的！"那么这样的答案显然就不是发散思维所得的结果。在考虑铅笔的用处时，我们可以根据铅笔的形态，根据铅笔组成元素的特点，根据铅笔可能被分割和组合后的形态得出这样的结论："事实上铅笔可以有太多的用处了！"因为，铅笔可以作为武器，铅笔可以作为棋子，铅笔可以作为润滑剂，铅笔可以作为尺子，铅笔可以作为吸管，铅笔可以作为燃料，铅笔可以作为礼物……。从事物的不同属性、不同形态进行分析就是发散性思维的重要体现，而这将给人们带来更大的解题空间。

【例 2-3】　在推销员面试时，考官给 3 个参加面试的求职者提出了同样的要求：把梳子卖给庙里的和尚，当然是越多越好。3 个被面试者根据任务要求作出了不同的预案，他们在推销梳子时分别跟主持说了下面的话。

推销员 1：自己家庭非常困难，希望主持可以买下更多的梳子以帮助他渡过难关。

推销员 2：庙里实际上是需要梳子的。作为一个价廉的纪念品，梳子上面可以印上寺院的标记、印上祈福的话、印上一些与佛教有关的警语等。当香客买了梳子后，他们不但得到了某些方面的满足，又为寺院做了宣传。

推销员 3：庙里实际上是需要梳子的。主持可以跟香客们说：为了保持寺院的规范化，你们应该衣冠端正，所以希望你们到本寺院时买一把梳子。

3 个推销员对同样的推销要求，采用了 3 种完全不同的推销说法，当然也会得到不同的结果。而从思维的方式来说，这就是对一个问题的发散性思考。

【例 2-4】　雨伞存在什么问题？

解：利用发散思维，我们可以从多角度进行分析，给出雨伞存在的许多问题，如：①容易刺伤人；②拿伞的那只手不能再有其他用途；③乘车时伞会弄湿乘客的衣物；④伞骨容易折断；⑤伞布透水；⑥开伞收伞不够方便；⑦样式单调、花色太少；⑧晴雨两用伞在使用时不能兼顾；⑨伞具携带收藏不够方便；等等。

---

① 欧氏几何学的 5 条公设分别为：①任意一点到另外任意一点可以作线段；②一条线段的两端可以继续延长；③以任意点为心及任意距离可以画圆；④凡直角彼此相等；⑤同平面内一条直线和另两条直线相交，若在某一侧的两个内角和小于二直角的和，则这二直线经无限延长后在这一侧相交。

【问题】 对上述"雨伞存在什么问题?"的回答已经是一次发散思维的体现,但是你是否可以采用发散性思维说出雨伞更多的可能用处?或对雨伞所存在的问题给出更多的发散性解决方案?图2.7给出了几种雨伞图片,希望能给你提示。

(a)　　　　　　　　　(b)　　　　　　　　　(c)　　　　　　　　　(d)

图 2.7　不同的雨伞

4) 联想思维

联想思维是由此及彼的思维方式,它大致包括以下几种类型:①接近联想;②相似联想;③对比联想;④因果联想;⑤类比联想;等等。

联想思维方式有两个途径:①当发现特别反常的现象时,就纵向深入获取实质;②对事物的现象进行横向思考,发现与其相似或相关的事物。

【例 2-5】 二次大战时,一个德国侦察兵发现有一只家猫每天有规律地出现在一个坟地上,坟地周围没有村庄,没有住户。根据这一现象,德国侦察兵联想到该坟地可能是法国人的某个阵地,由于有人养猫,也可能是一个指挥部。该侦察兵向上级汇报了这一情况,德国人集结了炮兵营的所有炮火向该片坟地轰击。结果发现该处是法国人的一个高级指挥部,在这次轰击中,指挥部被全部摧毁,所有人员无一幸免。

图 2.8　蝙蝠靠超声波发现昆虫

【例 2-6】 蝙蝠在黑暗的岩洞内可以自由地飞翔,而不会出现碰撞事故。分析研究表明,这是因为蝙蝠能发出并接收超声波(图2.8),它们用超声波代替了眼睛。通过联想人们发明了雷达,发明了超声波探测器,超声波的应用如图2.9所示。

　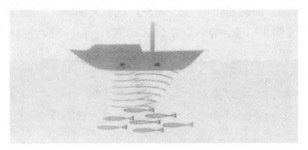

(a) 超声波测量海深　　　　　　　　　　　　(b) 超声波探测鱼群

图 2.9　超声波的应用

5) 反差思维

反差思维的实质就是发现或设置对象间的差异并加以利用的思维方式。在反差思维的引导下，人们不需要做巨大的改变，就可以使自己的产品颇具特色。反差思维的关键是寻求事物之间可能的差异并加以应用。

【例 2-7】 在成本不变的条件下寻求更大的洗衣机的洗衣量或者冰箱更大的制冷量以求打开市场，是一种常见的思维方式。但根据反差思维：只要两种产品有足够的差异，就有可能占领属于它的市场，所以就有了适合单身公寓使用的小洗衣机，有了适合宾馆标准间或汽车上使用的小冰箱（图 2.10）。

图 2.10　车载小冰箱

【例 2-8】 在人才培养方面，如何应用差异思维是值得思考的问题。与几十年前相比，中国可以称得上高等院校林立。如何使学校有特色，如何使学校所培养的学生更有特色、更有竞争力，实际上就是如何更好地发挥反差思维的问题。"人有我有"称不上反差；"人无我有"，"人有我优"才是特色的体现。不同的学校，不同的评价体系，坚持了这一点，人才培养就有了层次性和特色感。

【问题】 当大家在学校学习的时候，是否也应该有一些反差思维呢？

6) 转换思维

在解决问题时，寻求用一个简单的问题去替换一个复杂问题的可能性，即所谓的转换思维。实际应用中，只要在逻辑上和技术上发现难易问题之间的连接点和连接关系，就可以使问题得到很好的解决。

图 2.11　电梯旁的镜子

【例 2-9】 在上下班高峰时，办公楼的电梯经常因人们蜂拥而上导致电梯门无法关闭的情况，不但影响效率还伤和气。为解决这一问题，大楼负责人要求大家寻求一个高效、低成本的解决方案。围绕着电梯，各人苦思冥想，甚至想到了再加一个电梯的方案，但总不令人满意。最终被采用的方案却出人意料，而且只花费了几十块钱——在电梯旁按了一面穿衣镜。从此再也没有出现拼命挤电梯的情况：大家都绅士地等待，并用这段时间打理自己的仪表，自信地步入办公室（图 2.11）。

7) 整体思维

整体思维就是追求整体效果而不拘泥于局部效果。整体思维是作为一个高层次工程技术人员必须具有的思维方式，或者说是必须去培养的思维方式。"局部最优，不一定是整体最优"，这是已经被许多事实所证明的。

【例 2-10】 "田忌赛马"（图 2.12）是众人熟知的故事。田忌和齐王赛马，屡赛屡输。孙膑出了一个主意：要田忌用下等马对齐王的上等马，用上等马对齐王的中等

图 2.12 田忌赛马

马,用中等马对齐王的下等马,结果取得了胜利。虽然这种做法有作弊之嫌,但却是整体思维获胜的实例。而在解放战争时期,毛泽东采用的"不争一城一地的得失,抛掉一切坛坛罐罐"的做法就是整体思维的体现。

由于分类方式不同,除了上面提到的以外,对于创新思维形式还有另外一些表述方式,这里就不一一介绍了。

2.3 STC 和九屏幕法

克服思维惯性是创新的关键。为了获得突破性和新颖性的创造结果,需要发散思维、逆向思维和联想思维等创造性思维。但当人们提到发散性思维时,往往会认为发散就是一种不着边际的胡思乱想,但事实并非如此,纯粹的胡思乱想并不能有效地帮助我们跳出思维惯性并具有新的眼光,从而得到创新的结果。思维的发散性必须和自然界的客观规律结合起来才能发挥其真正的作用。本节将介绍两种常用的、有助于克服思维惯性的创新思考方法。

2.3.1 STC 算子方法

STC 算子方法即尺寸—时间—成本(Size - Time - Cost)算子方法,这是一种让思维有规律、多维度进行的发散方法,具有明显的优越性。

STC 算法指出:当遇到一个待解决的问题时,可以从尺寸、时间、成本 3 个方面进行发散性思考。需要注意的是,在 STC 算法中所讨论的并不是简单、常规的尺寸、时间和成本的损耗问题,该算法要求创造者对问题处于上述三者的某种极限状态下进行思考和分析,并从中发现问题的发散性解决方案。譬如说,在 STC 的分析中,可以将尺寸视作无穷大,也可以将其视作无穷小,如此等等。

【例 2-11】 人工摘苹果(图 2.13)需要活梯,既费时也费力,如何给出解决方案?

根据 STC 算子,可以从尺寸、时间和成本 3 个方面进行思考。以下是几种不同的思考和相应的解决方案:

问题分析:在所有的创新问题解决中,仔细地分析问题始终处于最重要的位置。问题分析包括问题的实质和问题涉及的对象,以及问题解决中准备重点关注的对象。所以在该问题的解决中,可以从问题整体——苹果采摘,或从它的组成部分:苹果树、采摘工具进行考虑,确定 STC 给出的启示。下

图 2.13 苹果采摘

面从整体出发给出一些思考的结果①。

（1）从尺寸角度出发进行考虑。

① 设想苹果树的尺寸（高度）为无穷小。如果苹果树的尺寸为无穷小，摘苹果就不需要附加设备。根据这一思考，可以从如何培育低矮的苹果树入手。

② 设想苹果树的尺寸（高度）为无穷大。如果苹果树的尺寸为无穷大，则对苹果树的改进和采摘工具的改进就可以不受尺度的限制。也就可以为苹果树设置各种不同的形状，为采摘苹果的设备设置各种不同的形式，当然也可以为两者之间设置所有可能的连接方式，包括道路和桥梁。根据上述提示，可以有这样的设想：将苹果树的树冠设计成可便于采摘的形状，譬如说让树冠本身就有梯子的功能；或使苹果树与某种收集器作预先的连接。

（2）从时间角度出发进行考虑。

① 设想采摘的时间应该为无穷小。如果要求采摘的时间为无穷短，这就出现了一个同时作用的问题。如何才能保证同时作用？一是使得苹果同时具有成熟和落地的功能，二是采用某种方式的集中动作，使苹果同时落地。如采用恰如其分的爆破，通过震动使苹果同时落地。

② 设想采摘的时间可为无穷大。在这样的假设下，实际已不需要采摘，所有的采摘活动可以由苹果自己完成。只要时间允许，苹果总是会落地的。但为了保证苹果品质，使苹果有相似的成熟时间可能是需要考虑的关键问题。

（3）从成本角度出发进行考虑。

① 设想采摘的成本可以为无穷大。如果采摘的成本为无穷大，就可以采用任何的采摘方式，如设计一个智能度极高的机器人实现对苹果的采摘。

② 设想采摘的成本应该为无穷小。如果采摘的成本应该为无穷小，当然也就不能有任何的采摘成本了，如何使苹果自动进入仓库可能成为思考的要点。

针对上面所提出的各种解决方法，可能有人会有这样的观点：上述的解法中没有一个是可以实用的。尽管这种说法可能是正确的，但这并不影响 STC 算子的使用，因为通过这种算法确实得到了思维的扩散和惯性思维的突破。在创新活动中有一点是必须清楚的：不要轻易地下结论，说某种方法不可能实现。各类有突破性的创新通常都是从最先认为的不可能，从众人的怀疑中起步的。

2.3.2 系统思维的九屏幕法

根据系统论的观点，技术系统由多个子系统组成，并通过子系统的相互作用实现一定的功能，简称为系统。大至宇宙、小至原子都可以被看成为一个系统。系统之外的、处于系统上层的系统称为超系统；而在系统之内的、处于较低层次的、构成系统的组分称为子系统；所要研究的，正在发生问题需要解决的系统称为"当前系统"。

当前系统的定义与需要解决的具体问题有关。根据研究重点的不同，同一个物体既可以被看作系统，也可以被看作子系统或超系统。以自行车为例，如重点研究的是自行车车轮的性能，就可以将其作为当前系统（自行车的承载系统），那么整车就是其超系统，而钢

---

① 创新问题是没有标准答案的，许多答案可能只是一家之言。"是否有更合理的解决方法？"，"是否有更为合乎逻辑的分析过程和分析结果？"始终是应该去考虑的问题。

圈、轮胎等就是它的子系统①；如将自行车整车作为系统，那么车轮就成为其中的一个子系统，而它的超系统可以是一个车库，也可以是包括了自行车道，红绿灯等与自行车交通有关的道路系统。又如，当将一个机械零件作为系统时，则该零件各部分的结构尺寸，所用的材料等都可以被认为是其子系统；而由多个零件所构成、作为运动单元的构件就可以被视为超系统。

如前所述，当前系统不是孤立存在的，而是包含有多个子系统并隶属于超系统的。这就给了我们一个提示：在解决当前系统的问题时，不能将眼光只停留在当前系统之上，而应该同时考虑子系统和超系统；另一方面，由于所有系统（子系统、超系统）都处于不断的变化之中，所以在充分考虑系统不同层次的同时，还应该考虑系统本身的发展趋向和经历。系统思维的九屏幕思考方法就是要求思考者以当前系统为核心，分析出系统的子系统和超系统，并以此为基础分析系统、子系统和超系统的过去、现在和未来。其基本构成如图 2.14 所示。

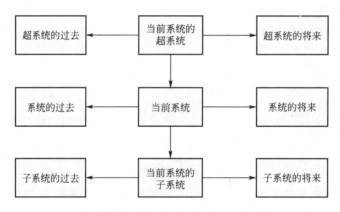

图 2.14 系统思维的多屏幕法

系统分析的九屏幕法是使创造者更好地理解问题的手段，它可以帮助创造者重新定义任务和矛盾，帮助他们找出解决问题的新途径。它提示：当在解决当前系统中存在的问题时，应该注意到当前系统在过程上是处于前系统和后系统之间的，而在层次上是处于子系统和超系统之间的，它们是相互关联的。当作了这样的思考，就可以考虑将当前系统内存在的问题转移至其所在的超系统或子系统（包括它们的前系统或后系统），以及当前系统的不同阶段去解决。在有些情况下，当前系统内难解决的问题在系统以外却是容易解决的。

图 2.15 以前面曾经提到的自行车为例，给出了自行车的九屏幕分析。根据这一分析，如果要解决自行车的防盗问题，就可以考虑在其子系统和超系统上得到解决方案。如：

(1) 在超系统上考虑。设计一智能自行车库，以实现自行车的防盗。

(2) 在子系统上考虑。对自行车的动力系统进行改造，从而达到防盗的目的。

需要注意的是，九屏幕法只是一种分析问题的手段，而不是解决问题的手段，所以不能期望它能给我们一个完整的答案；另一方面，每个屏幕显示的信息也并非总能引出新的

---

① 根据不同的考虑，对于组成系统的子系统可以给出不同的分解。对本例来说，我们也可以将其更细分为内、外胎，辐条、钢圈等等。

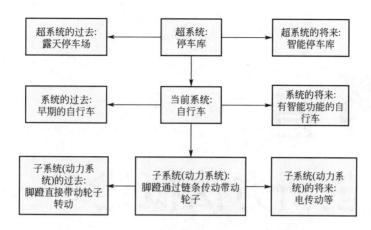

图 2.15　系统思维的多屏幕法—自行车

解题方法。如果从当前的九屏幕中无法获得解题的思路，就应该重新构建九屏幕，即从系统另外的关联方式出发进行再分析。但是，即使出现了上述情况，也不要完全摒弃原先已作的分析，因为当条件发生变化后，它们可能是有用的。

习题及思考题

1. 创新型人才具有多方面的素质要求，从你来看哪一种素质是最为重要的素质？为什么？
2. 你认为在创新型人才培养过程中应该注重哪几方面的问题？如何使自己成为一个创新型人才？
3. 什么是思维定势？它对人的创新能力有什么影响？
4. 什么是创新思维？创新思维的基本特征是什么？
5. 联想思维有哪几种类型？
6. 什么是 STC 算子？用 STC 算子分析一下鼠标可能的变化。
7. 什么是九屏幕法？并用其分析一下水杯的九屏幕。
8. 请用九屏幕法来完成毒蛇长度的测量。
9. 设计一个问题，并提出发散性的解决方法。

第3章 常见创新方法概述

3.1 概 述

"不满足于当前的存在,努力寻找社会和自然中存在的不足并加以改变"是人的本性,也是人类社会中所有创新活动的起源和动力。现实的问题是:人们希望通过创新以实现更高的目标,但不希望作太多的"无用功"——人们希望有一种可以帮助他们实现创新目标、实现改造社会梦想的方法,也就是所谓的创新技法。

对于是否存在创新技法的问题,有两种完全对立的观点。马赫、罗素、维特根斯坦、波普尔等学者认为,创造发明主要靠天才的灵感和非逻辑思维,不存在可以遵循的创新技法;而另一种观点则认为发明创造是有方法可循的,但却在很长一段时间里拿不出切实可行的、令众人信服的创新方法。但笔者认为,上述的讨论或争论的关键在很大程度上取决于讨论者对创新技法的看法。下面对此做一些简单的分析。

(1) 认为所有创新均有技法可循是错误的。

当严格地从逻辑角度对"是否存在创新技法"的问题进行分析时,可以很容易地发现:"寻求创新的技术在逻辑上是存在矛盾的,而对高层次的创新而言,这种说法本身就可能是一个悖论"。理由如下:

① 首创性是创新的基本特点,而发明、创造的意外和不可预测性又是绝大多数人认同的事实。许多天才在获得划时代的重大的发明和创新时并没有遵循所谓的技法,所以对于高层次的创新而言,要寻求一种给其以必然引导的具体方法显然是不符合实际的。

② 从另一个角度来看,创新技法的产生本身就是一种创造或创新,用一种创新规范其余所有的创新,希望所有的创新都由此而出,其本身存在的逻辑漏洞是毋庸置疑的,这实际就是典型的"矛"与"盾"的问题。

③ 各类创新技法的建立实际上都是大量创新成果的提炼和总结。有人对此提出的"先有鸡还是先有蛋",即先有创新成果还是先有创新技法的问题并不完全是空穴来风。

(2) 能帮助解决创新问题的某种规则确实存在。

如果因为不可能获得具有普适性的创新技法，而全面地否定创新技法的存在并拒绝对其作更多的研究，那么损失将更大，理由同样十分简单：

① 世界上各类事物均有其一般的规律性，发明也不例外。如果"因噎废食"而放弃了对发明规律性的寻求，显然不可取。

② 世界上各类事物的发展和变化的基本特征是渐变性的；而突破性的、对人类发展产生划时代影响的、完全出乎人们意料的进展和变化并不多见，也不可能经常性地出现。也就是说，在现实生活中更多存在的、需要经常进行的创新活动大多不是重大的发明和创新，而对于一般难度的创造发明而言创新技法是存在的，这也是已经被许多创新事实所证明了的。

根据以上的分析，可以得出以下结论：

(1) 对于"天才"和划时代的重大的发明和创新而言是不需要技法，也是没有技法的；退一步说，即使存在这样的技法，那么它们也只能是宏观的和哲学层面的，而不可能是具体化的。

(2) 因为在现实生活中更多存在的和经常进行的通常不是划时代的重大发明和创新，而且绝大多数人也不是天才，所以创新的技法对绝大多数问题而言是有用的，对绝大多数人而言也是需要的。

所以我们要做的工作是对发明问题进行必要的分类，将精力集中于发现那些适用于一般性创造发明问题的创新技法，而不是一定要去寻求所谓的普遍适用的、能指引人们获得那些改变人类世界走向的重大创造发明的创新技法，尽管这的确非常的诱人，也确实是人们的理想。

3.2 奥斯本检核表法和头脑风暴法

创造学家对各种创造性技术进行了研究，给出了多种创新技法（表3-1），限于篇幅，本节只对其中两种常用的传统创新技法"奥斯本检核表法"和"头脑风暴法"进行简单的介绍。

表3-1 创新技法分类

逻辑思维	科学推理型	演绎法，归纳法，类比法，自然现象和科学原理探索法，等价变换法，KJ法，类推法
	组合型	组合法，分解法，形态分析法，信息交合法，横向思考法
	有序思维型	奥斯本检核表法，5W1H法，和田法
非逻辑思维	联想型	智力激励法，（头脑风暴法），联想法，逆向构思法
	形象思维型	形象思维法，灵感启示法，大胆设想法
	列举型	特性列举法，缺点列举法，希望点列举法

3.2.1 奥斯本检核表法

创造活动离不开问题的提出。提问不但能促使人们思考，而且一系列问题的提出也可以使人们发现创新的立足点。奥斯本检核表法是美国创造学家奥斯本(图3.1)提出的,其目的就是为了使人们克服不愿提问或不善于提问的心理障碍。奥斯本检核表法将创新过程中可能的提问分成了九大类,共计75个问题(表3-2)。

表3-2 奥斯本检核表法

一	能否另用	1 有无新的用途?2 是否有新的使用方法?3 可否改变现有的使用方法
二	能否借用	4 有无类似的东西?5 利用类比能否产生新观念?6 过去有无类似的问题?7 可否模仿?8 能否超过
三	能否扩大	可否(9 增加?10 附加?11 增加使用时间?12 增加频率?13 增加尺寸?14 增加强度?15 提高性能?16 增加新成分?17 加倍?18 扩大若干倍?19 放大?20 夸大?)
四	能否缩小	可否(21 减少?22 密集?23 压缩?24 浓缩?25 聚合?26 微型化?27 缩短?28 变窄?29 去掉?30 分割?31 减轻?32 变成流线型?)
五	能否改变	可否改变(33 功能?34 颜色?35 形状?36 运动?37 气味?38 音响?39 外形?40 其他?)
六	能否代用	41 可否代替?42 用什么代替?采用别的(43 排列?44 成分?45 材料?46 过程?47 能源?48 颜色?49 音响?50 照明?)
七	能否重新调整	51 可否变换(52 成分?53 模式?54 布置顺序?55 操作工序?56 因果关系?57 速度或频率?58 工作规范?)
八	能否颠倒	59 可否颠倒(60 正负?61 正反?62 头尾?63 上下?64 位置?65 作用?)
九	能否组合	可否重新(66 组合?67 混合?68 合成?69 配合?70 协调?71 配套?),可否重新组合(72 物体?73 目的?74 特性?75 观念?)

图3.1 A·F·奥斯本①

奥斯本检核表法属于创新技法中的设问探求类方法。因为设问探求法适合于各种类型和场合的创新性思考,所以有着"创造技法之母"的美誉。它有以下特点。

(1)设问探求是一种强制性的思考过程,有利于突破不愿提问的心理障碍;另一方面,提问本身就是一种创造。

(2)设问探求是一种多角度的发散性思考,有利于克服思维惯性。

(3)设问探求提供了创造活动最基本的思路。

【例3-1】 早期的鼠标为机械式鼠标,滚球带动与光电编码盘相连的滚轮转动,通过记录光电信号脉冲获取鼠标的移动信息。由于滚球与桌面等直接接触,所以滚轮很容易变脏,影响鼠标的使用。下面用奥斯本检核表法对机械式鼠标的改进可能进行分析。

---

① 亚历克斯·奥斯本是美国创新技法和创新过程之父。1941年出版《思考的方法》提出了世界第一个创新发明技法"智力激励法"。1941年出版世界上的第一部创新学专著《创造性想象》,提出了奥斯本检核表法,此书的销量4亿册,超过《圣经》。

(1) 可否替代。是否可能用某种物体代替滚轮带动的编码盘？根据这一想法，早期的光电式鼠标出现了。它引入了一块画有纵横小格的鼠标垫板，用反射式光电传感获取格线信号以确定鼠标的移动信息。

(2) 可否简化。早期的光电式鼠标由于需要专用的鼠标垫板，使用非常不方便。推出没有多久就销声匿迹了。是否可以简化？根据这一想法就有了现在的人们通常使用的鼠标，同样是采用反射式，但却没有了专用的鼠标垫板，利用桌面或纸面天然存在的凹凸不平而产生的不断反射特征获取了鼠标的移动信息。

图 3.2 给出了鼠标的类型，图 3.2(a)的机械鼠标和图 3.2(c)的三键鼠标已成为非主流。作为练习，读者可以寻找更多的鼠标类型，以发现其中所做的改进。

(a) 机械鼠标　　　　　(b) 光电鼠标　　　　　(c) 三键鼠标

图 3.2 几种鼠标

提示：可以从外形的改变，按键的设置等多个方面进行分析。

奥斯本检核表法的任何一条提问都可以给人们一种新的改进想法，譬如说可以尝试对上述的光电式鼠标提出其他的一些问题，从而得到对它进行进一步改进的可能性，以此作为例子，希望读者作出自己的思考。

3.2.2 头脑风暴法

头脑风暴法(Brain Storming)也称为智力激励法，类似于常说的"诸葛亮会"，它是一种典型的群体集智法。其主要特点在于让所有与会人员充分地解放思想，并进行知识互补，在大量的设想中获得有用的信息和方案，"集思广益"、"不合理中存在着合理性"是对头脑风暴法应用的较好诠释。

为了保证头脑风暴法真正地发挥作用，所有人员必须遵循以下 4 项原则：

(1) 自由思考原则。即所有与会者不必顾及自己的思维是否"荒唐可笑"，而要保证自己的思考是完全无约束的、是完全自由的。

(2) 延迟评判原则。即所有与会者不得"扼杀"或"捧杀"别人的想法，不管这些想法"真的很棒"或似乎非常地"离经叛道"，要确保会议在无任何拘束的情境下开展。而对于设想的评判，应在畅谈结束后，再组织有关人士进行分析。

(3) 以量求质原则。即所有与会者都应该认同这样的观点："越是增加设想的数量，就越有可能获得有价值的创意"。

(4) 综合改善原则。要注意与会者的知识互补，注意倾听别人的意见，利用各种设想的信息刺激，通过共同的分析以完善方案。

头脑风暴法的基本运用过程包括准备、热身、明确问题、自由畅谈、加工整理等 5 个步骤。

创新的方法——TRIZ理论概述

(1) 准备阶段。准备阶段的工作包括：①选择一个熟知头脑风暴法的基本原理和操作程序，有一定组织能力的会议主持人；②确定会议主题，在主题选择时应避免涉及面过广或包含因素过多。因为头脑风暴法通常适宜于解决比较简单的问题，当问题过于复杂时可以将问题分成几个子问题；③确定参会的人选。参会人员以 5～15 人为宜，最好选择对问题有实际经验的人员。

(2) 热身阶段。头脑风暴法安排与会者热身，主要是为了使人们能够尽快地进入角色。热身活动时间不需要太长，形式可以多种多样，如安排一段有关创造的录像，出几道"脑筋急转弯"之类的题目请大家回答，等等。

(3) 明确问题阶段。在明确问题阶段必须使所有与会者对所要解决的问题有明确的、全面的了解，以使人们能有的放矢地去作创造性思考。主持人在介绍问题时应该遵循简明扼要和启发性的原则，切忌在介绍过程中将自己的想法和盘托出。

(4) 自由畅谈阶段。该环节是智力激励会上最重要的环节，是决定头脑风暴法是否成功的关键。在这一阶段最重要的是如何营造一种高度激励的氛围，使与会者可以摆脱各种心理障碍和约束，借助与会者的知识互补和信息刺激得出大量有价值的设想。

(5) 加工整理阶段。畅谈结束后，会议应组织专人对设想记录进行分类整理，并进行去粗存精的提炼。如尚未获得满意的结果可以再次召开智力激励会。

【例 3-2】 美国北方冬季寒冷，大雪积压在电线上，有将电线压断的危险。电力部门紧急召开了智力激励会，会上各种意见层出不穷，有人提出了这样一条意见："还不如带把大扫帚，坐直升机上去扫雪"。这句看似玩笑的话引起了一个工程师的注意，一种简单可行而且高效的清雪方案也冒了出来：如能在大雪过后，即派出直升机沿电线飞行，用螺旋桨产生的气流扇雪，就可以实现清雪功能，在该工程师提出上述创意后，又有人提出了如"扫雪飞机"、"特种螺旋桨"之类的想法。智力激励会后，专家对各种方案进行了分析，最后确定采用扇雪方案，一种专门清除电线积雪的小型直升机也被发明出来了。

3.3 TRIZ 理论概述

TRIZ 是由俄文 Теория Решения Изобретательских Задач 按 ISO/R 9-1968E 的规定转换成拉丁文 Teoriya Resheniya Izobretatelskikh Zadatch 后的首字母缩写，其含义为："发明问题解决理论"。TRIZ 理论曾经被称作前苏联的"国术"和"点金术"。它所研究的是人类进行发明创造和解决技术难题过程中所遵循的科学原理和法则，TRIZ 所提出的独特的技术系统进化法则被西方称之为"三大进化理论之一"，与达尔文的生物进化理论和马克思的人类社会进化理论相提并论。

3.3.1 TRIZ 的产生和推广

TRIZ 理论是由苏联的天才发明家和创造、创新学家根里奇·阿奇舒勒 G. S. Altshuller（1926—1998）创立的。

Altshuller（图 3.3）在 14 岁就获得了第一项苏联专利，内容是利用过氧化氢分解氧气的水下呼吸器，该项专利有效地解决了水下呼吸的难题。后来，Altshuller 在苏联海军部任专利审查官。

从 1946 年开始，Altshuller 经过对成千上万项专利的研究，发现了发明背后存在的模式和规律，形成了 TRIZ 的原始基础。1948 年 Altshuller 因为给斯大林写了一封批评当时的苏联缺乏创新精神的信，结果被押解到西伯利亚，并被投入集中营。Altshuller 将集中营当成了研究所，在集中营中整理了 TRIZ 基础理论。直到斯大林死后的第二年（1954 年）他才获释。两年后他开始出版 TRIZ 书籍，TRIZ 的传播也在苏联蓬勃开展，很多高等院校甚至于中学都开设了 TRIZ 的课程，培养了一大批具有创新能力的工程技术人员。但 TRIZ 理论属于苏联的国家秘密，对世界其他国家

图 3.3　阿奇舒勒像

保密。直到苏联解体后，大批科学家开始移居美国和世界各地，TRIZ 的神秘面纱才被揭开。

3.3.2　TRIZ 的重大发现

Altshuller 指出：产品及其技术的发展总是遵循着一定的客观规律，因此，将那些已有的知识进行提炼和重组，形成一套系统化的理论，就可以用来指导后来的发明创造、创新和开发，就可以能动地进行产品设计并预测产品的未来发展趋势。Altshuller 的研究发现了以下客观规律。

（1）同一原理的多用性。在不同领域的发明中所用到的原理并不多，在不同时代和不同领域的发明中，上述原理被反复地利用着。

（2）领域原理的交错性。每条发明原理并非只能应用于某一特定的领域，其所用的原理知识也并不限于某个特定领域，这些原理融合了物理、化学和各工程领域的原理，可以适用于不同领域的发明和创造。

（3）发明问题的类似性。大量的发明所面临的基本问题和矛盾（技术矛盾和物理矛盾）以及它们的解决原理在不同的工业和科学领域交替出现。

（4）系统进化的规律性。技术系统的进化模式在不同的工程及科学领域交替出现。

（5）原理移植的有效性。创新设计中采用的原理往往属于其他领域。

【例 3-3】　爆米花加工的基本过程如下：首先将大米放入密封的容器内，通过加热使大米及容器内的空气加热，随着加热过程的进行，容器内的压力上升。这时的气压是一个慢速上升的过程。当气压上升至某一高度时，突然打开容器的密封口，实现快速减压。在快速减压过程中实现了大米的膨化目的。

爆米花（图 3.4(a)）所采用的原理称为"慢速加压-快速减压"原理，但该原理并不只能用于爆米花的加工，也能用于其他的领域。如在钻石加工时，利用该原理可以使大钻石在裂纹处破碎和分开；利用该原理还可实现辣椒果肉和果核的分开；实现坚果（核桃（图 3.4(b)）、松子、栗子、向日葵籽等）的破壳；甚至可以实现过滤器的清洗。本例有效地证明了 Altshuller 的发现："同一原理的多用性"。

(a) 爆米花

(b) 核桃仁

图 3.4 用"慢速加压-快速减压"原理获得的两种结果

3.3.3 TRIZ 的定义

国际著名的 TRIZ 专家 Savransky 博士对 TRIZ 给出了如下定义。

1. TRIZ 是基于知识的方法

① TRIZ 是从全世界范围的专利中抽象出来的，是发明问题启发式解决方法的知识。
② TRIZ 大量采用了自然科学及工程中的效应知识。
③ TRIZ 利用了出现问题领域的知识。这些知识不但包括问题领域的技术本身，也包含了与其相似的或相反的技术、过程、环境以及进化过程。

2. TRIZ 是面向人的方法

TRIZ 的启发式是面向设计者的，而不是面向机器的。由于在系统分解、区分有益及有害功能时，其分析结果往往与问题本身和具体的环境相关，具有一定的随机性。所以在具体的问题解决过程中，计算机软件只是在问题分析和解决时为设计者提供处理这些随机问题的方法与工具，仅起到支持的作用，而不能完全代替设计者。

3. TRIZ 是系统化的方法

① 在 TRIZ 中，问题分析采用了通用和详细的模型，该模型的系统化知识对问题的解决十分重要。
② TRIZ 解决问题的过程是一个系统化的、能方便应用已有知识的过程。

4. TRIZ 是解决发明问题的方法

① 为了取得创新解，必须解决设计中的冲突，但在解决冲突时某些过程是未知的。
② 所需要的未知情况往往可以由理想解代替。
③ 理想解可通过环境或本身的资源获得，或通过已知系统进化趋势获得。

3.3.4 TRIZ 的基本构成

TRIZ 几乎可以被用于产品的整个生命周期，包括从项目的确定到产品性能的改善，直至产品进入衰退期后新的替代产品的确定。TRIZ 的基本内容包括以下几个方面：

（1）产品进化理论（技术系统进化法则）。产品进化理论主要研究产品在不同进化阶段的特点和可能的进化方向以便于确定对策,给出产品的可能改进方式。

(2) 40个发明原理。40个发明原理的主要作用是解决系统中存在的技术矛盾(冲突),它为一般发明问题的解决提供了强有力的工具。

(3) 物-场模型。物-场模型是TRIZ重要的分析工具,它通过研究系统构成的完整性,构成系统各要素之间作用的有效性,以帮助创造者更好地了解系统并获得解决问题的方向。

(4) 发明问题的标准解系统。标准解系统包括76个标准解法,它们主要用于条件和约束确定后的发明问题的解决,是主要针对物-场模型分析的。如果问题所需要的解可以在76个解中获得,问题的解决将会变得十分便捷。

(5) 科学效应知识库。TRIZ中的科学效应知识库提供了大量的科学效应,利用这些效应,可以很好地选择并构建对象作用所需的场,同时确定相互作用的对象双方。TRIZ是基于知识的方法,而科学效应知识库则是知识的重要组成部分。

(6) 矛盾矩阵。TRIZ在对众多的发明问题进行分析的基础上,给出了39个标准参数,并根据这39个标准参数构造了矛盾矩阵。创造者只要明确定义问题的工程参数,就可以从矛盾矩阵中找到对应的、可用于问题解决的发明原理。矛盾矩阵仍在不断地完善之中,到目前为止仍有许多矛盾单元的解法存在空位,需要补充解法;而已经存在某些解决方法的单元也需要进一步地充实。

(7) 物理矛盾分离方法。在TRIZ中物理矛盾和技术矛盾的解决方法是不同的。对于物理矛盾的解决不能直接应用矛盾矩阵,而需要首先采用时间分离、空间分离、条件分离、总体与局部分离等分离原理,然后才能应用发明原理进行求解。有关技术矛盾和物理矛盾的含义将在后面介绍。

(8) 最终理想解。最终理想解是TRIZ保证解法过程收敛性的重要手段,通过在解题之初就分析并确定最终理想解,使得TRIZ在解题的任一阶段都是目标明确的。

(9) 发明问题解决算法(ARIZ)。ARIZ算法主要针对问题情境复杂、矛盾及其相关部件不明确的技术系统,是一套以客观技术系统进化模式为基础的完整的问题解决综合程序。它通过对初始问题进行一系列变形及再定义等非计算性的逻辑过程,实现对问题的逐步深入分析和转化,最终达到解决问题的目的。有一种说法:ARIZ需要80小时的研究和学习才可能被顺利使用。

TRIZ各项内容的相互关系如图3.5所示。

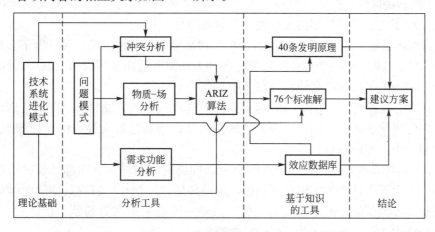

图3.5 TRIZ有关内容间的联系

3.3.5 TRIZ方法和试错法的区别

最原始的，也是最常用的发明方法就是"试错法"。因为试错法的广泛应用，出现了一些与此相关的说法："如一切取决于勤奋"，"应该坚定不移地尝试各种解决方案"，等等。应用试错法进行发明的最典型例子就是世界著名的发明家爱迪生。爱迪生可以称得上试错法大王，他的发明几乎都来自于无数次的试错。不过在有了一定的积累后，爱迪生对发明过程中的试错法进行了改进。当他面对一个复杂的发明问题时，爱迪生会将这一复杂问题分解成多个小一些的发明问题，并将这些问题安排到他的试验工厂里，由许多组的工作人员进行试错，从而加快了发明问题的解决速度。

图3.6给出了试错法解题的基本过程：即从问题出发，向不同的方向进行试错，如试错的方向选择不够精确，那么获得解的过程将是十分漫长的。而由于思维惯性的存在，这种方向性的错误在某些时候甚至是不可能避免的。同样的场景也可能在采用头脑风暴法进行创新问题解决时出现，如果与会人员存在某些知识缺失（这是很难避免的，因为会议的组织者不可能将所有可能的方面都考虑得十分周全），那么在问题解的讨论时就会出现盲点，增加许多无效的劳动。

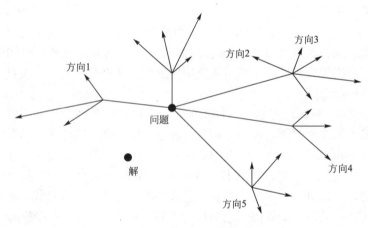

图3.6 试错法的解题思路

TRIZ的解决问题的过程与试错法不同，TRIZ的各种工具以及在工具使用过程中给出的提示和约束使它具有局部的发散性和总体收敛性的特点。

(1) 局部的发散性。TRIZ在解题的各个步骤都强调发散性思维，并给出了多种克服思维惯性的方法。TRIZ是一个开放的系统，各种方法只要适用就可以引入其中，如STC算子，九屏幕法等都可以被顺利地结合在其中。

(2) 总体的收敛性。如图3.7所示，TRIZ首先明确了问题的目标——最终理想解，然后在技术系统进化法则和TRIZ解题工具的约束下，解题过程向最终的目标理想解迫近。显然，这是一个收敛的过程。

TRIZ上述特点的存在，使得它在解决创新问题时，在许多方面都优于试错法。但是需要注意：千万不要认为试错法是无用的，无论如何它还是我们解决具体问题时最常用的方法，只是对于创新问题的解决而言，假如只是一味地采用试错则是不合适的。事实上，在问题的最终解决时，试错还是不可能完全避免的。

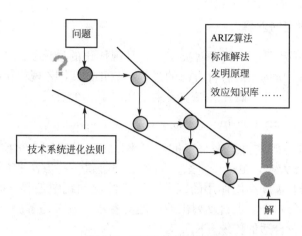

图 3.7 TRIZ 的解题过程

3.3.6 TRIZ 在问题解决中的作用

在介绍 TRIZ 在问题解决中的作用前，首先解释一下几个基本概念。

(1) 领域问题。所有实际矛盾都属于某个特定的领域，如机械系统中出现的矛盾属于机械领域，化学工程中出现的矛盾属于化工领域，教学系统中出现的问题属于教学领域；等等。这些矛盾都有具体的内涵，这些问题均属于领域问题。

(2) 领域解。领域解是针对于领域矛盾的，也就是解决该矛盾的具体办法。领域解是有针对性，而不是普遍适用的。

(3) TRIZ 的标准问题。TRIZ 的标准问题是对领域问题进行转换后所得的问题。TRIZ 在进行问题转换时强调标准问题的抽象性和一般性，如具有同样物理矛盾的创新问题就可以转换为同一标准问题。TRIZ 的标准问题可以根据 TRIZ 所提供的方法获得原理解。

(4) 通用解。通过运用 TRIZ 知识而获得的，针对标准问题的 TRIZ 解称为通用解或原理解。

图 3.8 给出了利用 TRIZ 进行问题解决时的基本过程。由图可知，在采用 TRIZ 解题时首先需要将领域问题转换成 TRIZ 能够解决的标准问题，然后由 TRIZ 获得原理解，最后通过类比思维等创造性思维的运用，将原理解转换成解决实际矛盾的领域解。

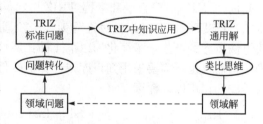

图 3.8 用 TRIZ 解题的一般过程

由于 TRIZ 所提供的方法只能获得原理解，而这些解法并不是针对特定的领域问题的，所以必须强调指出：不要期望由 TRIZ 获得一个实际可用的完整答案①，TRIZ 所给的只是改进问题系统的可能方向和一些已经存在的同类标准问题的成功案例。在问题转换和解的转换中，不但需要有对问题的深入思考，而且专业知识和经验也是必不可少的。

---

① 只有在案例中刚好有相同问题时，才有可能直接获得领域解，而这只能是小概率事件。

3.3.7 现代 TRIZ 研究的发展

传统的 TRIZ 是一种复杂的问题解决工具，其现代化的最重要的工作之一就是开发一个容易应用 Altshuller 所提出的各种方法的过程，真正的 TRIZ 现代化的历程是从 1985 年开始的。目前，现代 TRIZ 的研究进展主要集中在以下 4 个模式。

1. Ⅲ（Idealtion Internation Inc.）模式

Ⅲ 公司的主要核心研究力量来自于前苏联 Kishnev 的 TRIZ 学校的专家。他们认为 TRIZ 的许多方法分支太多，也过于复杂。因此必须提供一些方法和过程作为这些解题方法的统一入口。根据有害和有用作用的区分，手工绘出问题中各部分因果关系的网络图，利用软件工具对图中每一个节点自动列出对问题的看法，或者是解决方法意见，每一个看法都可以为使用者推荐合适的传统 TRIZ 工具。

Ⅲ 模式还开发了"创新环境调查问卷（ISQ，Inventive Situation Questionanire）以及预期失效判定（AFD，Anticiaptory Failure Determination）和演变指导（DE，Directed Evolution）。Ⅲ 模式的主要不足是得出的指导性意见通常是节点的 3～4 倍，对于复杂问题有时会显得非常冗长。

2. IMC（Iventive Machine Corp.）模式

IMC 公司是由前苏联人工智能和 TRIZ 专家 Tsourikov 博士移民到美国后创建的。为了解决具有技术和物理矛盾的"困难"的工程问题，IMC 努力将解决矛盾的创新原则、分隔原则、效果库等知识库工具集成为软件 Techoptimizer™。由于引入了相应的现代软件开发和人工智能技术，该软件具有容易使用与界面友好的特点。

3. SIT（Sytematic Inventive Thinking）模式

SIT 模式原来由移民到以色列的 TRIZ 专家 Filkosky 在 1980 年左右创立，目的是简化 TRIZ 以便使其能够被更多人接受。1995 年福特公司 Sichafus 博士将 SIT 模式进行结构化，形成了 USIT（Unified Structured Inventive Thinking），该模式能帮助公司工程师在短时间内（3 天培训期）接受和掌握 TRIZ，为实际问题在概念产生阶段快速地产生多种解决方法。USIT 将 TRIZ 设计过程分为 3 个阶段：问题定义、问题分析和概念产生。它将解决方法概念的产生技术简化为以下 4 种：属性维度化、对象复数化、功能分布法和功能变换法，而且也不需要采用知识库或计算机软件，但 USIT 解决问题的好坏依赖于解决问题人员的知识广度和深度。

4. RLI（Renaissance Leadership Institute）模式

该模式是由 RLI 公司的分支机构 Leonado Vinci 研究院的一些专家开发的。RLI 模式对 TRIZ 的贡献主要体现在：RLI 针对 TRIZ 的复杂性，开发了 8 个解决问题的算法，RLI 针对物质场分析工具存在的缺陷，提出了运用三元代替物质场的三元分析法（Triacl Anlaysis）并将其结合到所开发的 8 个发明算法中。

习题及思考题

1. 说出几种常用的传统创新方法。有什么作用？

2. 请问你是如何看待创新技法的存在性的？
3. 试分析试错法的利与弊。
4. 举出一个用试错法获得成功的实例，给出它的过程描述。
5. 什么是头脑风暴法？它的特点是什么？
6. 请选定一个具体的问题，用头脑风暴法给出其初始解决方案。
7. 你如何看待奥斯本检核表法？
8. 任选生活中的一件物品，如：茶杯、笔等，用奥斯本校验法进行分析，确定改进方向，并给出初始方案。
9. 什么是 TRIZ？简述 TRIZ 的主要内容。
10. Altshuler 的重大发现有哪 5 点？你是如何理解这些重大发现的？

第4章
发明创造和理想解

4.1 概　　述

有史以来，人类就没有停止过发明活动。人类的发明活动甚至可以推溯至远古时代：人类是唯一利用火而不怕火的动物，人类是最善于创造工具并且应用工具的动物……人类与其他动物的最大不同就在于人类发明了许多新的、可以为人类所用的工具，以及更为复杂的的系统。

从严格的意义说，在远古时代，人类的原始发明通常不是创造，更多的是从自然物中的发现：如发现火可以取暖，便开始保存火种；如发现用石块可以更好地完成打击，所以利用了石块；等等。但当人类有了一定的知识积累，有了一定的经验以后，接下来的事情就有所不同了，人们开始了有目的的发明。比如说，人们在生活过程中发现有些工具称手而有些不称手，有些工具在某种场合称手而在另一些场合又不称手。在此时，人们开始关注各类事物的差异点和规律性，开始关注可以利用的资源和资源的可改造性，开始关注不同的功能需求对工具的不同要求，等等，也就有了有目的的发明。从使石制工具更为称手出发，人类开发了适合于各种不同用途的工具，如石斧、石矛等，以至于现在的更为复杂的自动化机械等。

不同的发明对人类发展的作用是不同的；不但如此，各种不同发明的表现形式也是不同的。例如，由于半导体晶体管的发明才有了现在的大规模集成电路，才有了互联网存在的物质基础；有了杂交稻才有了更高的粮食产量，从而解决了更多人的温饱问题；有了DNA的发现，才有了基因工程；等等。这些发明或发现几乎改变了人类的生活方式。但是需要引起我们注意的是：发明并不全都是如上所述的高层次的，一些给人们生活带来便利的物品，如折叠伞、方便易用的挂钩等，它们也是发明，也是对社会的某种改造。尽管不同发明所引起的社会变化在程度上存在着天壤之别，但它们都促使了一种新事物的诞生，一种问题的解决，在创新案例库中增加了一种创新实例。

虽然可以给各种创新活动戴上同样的"帽子"，但发明确实是有级别的、有层次的，不同层次的发明问题所采用的解决方法也是不同的。根据创新程度和应用知识的不同，TRIZ将发明分为以下5个等级：

（1）第1级。第1级发明是最小型的发明，所指的是那些只对产品的单独组件进行少量的变更，而这些变更又不影响产品系统整体结构的发明。在人们进行该类发明时，并不需要任何相邻领域的专门技术或知识。任何特定专业领域的专家，依靠个人的专业知识基本上都能进行该类创新活动。例如通过增加隔离厚度以减少热损失，用大卡车改善运输成本和效率等。该级别的发明大概占发明总量的32%。

（2）第2级。第2级发明是小型发明。在该类发明中，产品系统中的某个组件发生了部分的变化，改变的参数大约有数十个，产品改善以定性改善方式为主。第二级发明的创新过程利用了本行业的知识，其发明所用的创新方案通过与同类系统的类比即可找到，如中空的斧头柄可以储藏钉子等。该级别的发明大概占发明总量的45%。

（3）第3级。第3级发明是中型发明。在该类发明中，产品系统中的几个组件可能出现全面变化，其中大概需要对上百个变量加以改善。第三级发明需要利用领域外的知识，但不需要借鉴其他学科的知识。此类的发明如原子笔、登山自行车、计算机鼠标等。该级别的发明大概占发明总量的19%。

（4）第4级。第4级发明是大型发明，指的是创造了新的事物。该类发明需要数千个甚至数万个变量的改善。这类发明一般需要引用新的科学知识而非利用科技信息，需要综合其他学科领域知识，只有在多方位的启发下方可找到解决方案。该级别的发明大概占发明总量的4%。

（5）第5级。第5级发明是最高级的特大型发明。主要指那些科学发现，一般是先有新的发现，建立新的知识，然后才有广泛的运用。只有大约0.3%的发明专利属于第五级发明。如蒸汽发动机，飞机，激光等。

在上述各级发明中，利用TRIZ理论可以方便地解决其中1～3级的发明问题，而对于最高的第5级发明问题，它已基本不属于TRIZ理论讨论的范围。

4.2 理想化和理想解

从本质上讲，发明过程就是追求理想的过程。发明者总是不满足于现状的，因为他们总是能够发现某些令人不满意的问题，并据此有了改进的冲动和进行发明工作的动力。

如前所述，发明过程中始终存在着一对突出的矛盾：即发散性思维和收敛性结果之间的矛盾。TRIZ提供了许多方法试图解决这一矛盾，如进化理论，各类发明原理等，而其中一条最为关键和重要的就是在创新问题解决过程中对理想化和理想解的引入。正是由于引入了理想化和理想解这一重要的思维和解决问题的方法，TRIZ才很好地解决了发散性思维和创新全过程的收敛性之间的结合问题。

根据理想化在创造发明不同阶段的不同作用，TRIZ将理想化分为以下3个层面：

1. 可用资源的理想化

作为所有创新的基础，在任何创新过程中资源都是必须被首先提及的。需要注意的是，这里所提的资源是广义的，它包括了创造发明中所有的可用物。这种可用物可以是有形的,也可以是无形的;可以是物质的也可以是精神的。如时间资源、空间资源、功能资源、环境资源、物质资源、精神资源、人力资源等都是需要在创新过程中加以考虑的。

所谓创新过程中可用资源的理想化,就是在创新过程中我们可以根据自己的需要对所需资源提出各种各样的、创新所需要的要求,而暂不考虑其在真实世界中存在的可能性。我们可以这样来理解这一可能会引起困惑的说法:①每个人的接触面是有限的,你认为不存在的资源并不一定不存在,给出理想的资源要求,就给创新者以寻求新的现有资源的动力,而一旦寻得,创新的级别也必然随之提升;②各种新的发现和发明是需要动力和需求的,新的需求的提出将为相关领域的研究提供方向,并可能由此引出高层次的发明和创造;③创新的实质就是想人之不敢想,做人之不敢做,突破思维定势需要勇气,而这些勇气的获得就在于在着眼当前的基础上的某种"异想天开"。

需要强调指出,这里所说的"可用资源的理想化"与下面提到的"理想化的资源"具有完全不同的出发点和含义。"可用资源的理想化"是为摆脱在资源选择过程中的思维惯性,开阔创新者的思路而设;而"理想化的资源"则是针对具体的应用和实现的,所强调的是如何减少资源的消耗。下面所说的"创造过程的理想化"和"理想化的过程"也存在类似的不同点。

2. 创造过程的理想化

理想化的创新过程是一个抽象的过程,在创造发明过程中可以想象构成系统的所有物质和组成部分都是可以无限细分的,其实现过程也是可以进行任意的、无限多次的分割和组合的,即创造结果的实现过程是可以完全理想化的。不同的功能组合形式可能得到完全不同的结果,将创造过程理想化,可以使人抛开原先可能已经被固化的分级和规则,从而在更广阔的空间寻求不同的过程组合以实现所需要的结果。对于创新活动而言,"规则是死的,而人是活的"。

3. 结果的理想化

尽管过程很重要,但对从事创造发明的人而言最为重要的还是所获得的结果。理想的设计方案,问题的理想解决是创新者努力的最好体现,也是他获得成功的标志。理想化的结果需要理想化的表述,对于技术系统而言,理想化所涉及的因素不但包括系统本身,也包括系统的运行过程,系统所用的物质和资源,系统实现的方法等,这些因素均有自己的理想化状态,都可以作理想化的表述。下面将给出几个与理想化结果有关的常用名词的理想化表述。

(1) 理想化的系统。理想化的系统应该是没有物质,没有实体,也不消耗能源,但却能完成所有需要功能的系统。

(2) 理想化的资源。理想化的资源是无穷无尽并且不需要付费的资源。

(3) 理想化的过程。理想化的过程是只有过程的结果但无过程本身,也就是过程的存在时间趋向于零的过程。

(4) 理想化的物质。理想化的物质是没有实体却能实现功能的物质。

(5) 理想化的方法。理想化的方法是不消耗能量及时间,但通过自身调节,能够获得所需功能的方法。

(6) 理想化的机器。理想化的机器是没有质量、体积、但能完成所需的工作的机器。

从上面所表述的内容可以看出,如果我们能够达到这些理想化目标,结果肯定是美好的，但解决问题的难度却是被大幅度地增加了。理想结果的实现是我们的最终目标，但也需要考虑实现的可能性，下面将对有关问题进行分析。

4.2.1 最终理想解和理想度

TRIZ 要求创造者在解决问题之初就通过理想化来定义问题的最终理想解（Ideal Final Result，IFR）。IFR 是在综合了多项指标以后获得的，它所要解决的是要做什么或获得什么的问题。在许多情况下，很多问题在它的最终理想解被正确理解并描述以后，就直接得到了解决。

1. 理想解的几个层次

TRIZ 所定义的 IFR 包含了两个层次的意义：

(1) 完全理想层次。完全理想层次上的理想解抛开了各种客观限制条件，只关心问题解决的理想方向和最终的理想结果，通过为设计和创新指明理想的方向，从而避免采用传统创新设计方法时可能出现的目标不清的问题，我们将其称之为"理论理想解"。对于理论理想解，TRIZ 中定义为：只有有用功能而不存在有害功能，或者表述为有用功能趋向无穷大，而有害功能[①]趋向于零。

(2) 现实理想层次。在实际的创新活动中，由于各种资源（广义的）和实现过程不可能完全理想化，所以理论理想解不一定能够实现（至少目前阶段不能够被实现），所以创造者不能固执地把目标锁定为完全理想解，而是需要根据实际条件确定当前能够达到或希望达到的理想解，我们称之为现实理想解。

现实理想解和理论理想解之间存在如下关系：

(1) 对于一个给定的系统，理论理想解是唯一的或只有少数的几个；而实际理想解则在不同的阶段有不同的表述形式。

(2) 理论理想解是实际理想解的极限形式和行进目标。

(3) 更接近于理论理想解的现实理想解具有更高的先进性。

在确定实际创新活动的解题方案时，需要解决的关键问题之一就是现实理想解和理论理想解之间的关系协调问题。在做这些协调时，以下几点是必须考虑的。

(1) 最终解决方案不能违背向理想化进展的基本方向。这是系统进步的一个基本原则，只有遵循这一原则，才有可能使现实理想解不断地、更快地接近理论理想解。

(2) 最终解决方案的理想化程度能得到大部分人的认可。创造是为了使系统更为理想化，这是不容置疑的事实。如果系统并无向理想化方向作足够的发展，那么这种协调就需要作必要的修改。

(3) 最终确定的解决方案可以被当前的技术水平所容忍。这是一个现实性的问题。创新不是空想，它的最终结果是需要变成实体的，能被更多的人所使用的。要使想法成为实体，就必须要考虑当前技术水平下的可能性；当然，如果为了实现更为理想的结果，而对现有的技术水平进行提升，这显然是更好的，但这涉及另一个创新性挑战：如何提升当前的技术水平。

[①] 这里所指的有害功能与我们通常认为的有害功能有所差别，TRIZ 认为所有与理想化相违背的功能均是有害功能，如对有偿资源的更多使用就是一种有害功能的增加。

2. 理想度的定义

为了判断所确定的方案是否符合理想化的要求,需要进行理想化程度的评判。根据最终理想解的定义,TRIZ给出了理想度的基本公式:

$$I = \sum U_F / \sum H_F$$

式中:I——理想度;

$\sum U_F$——有用功能之和;

$\sum H_F$——有害功能之和。

显然,理想度越高,现实理想解就越接近于理论理想解,当理想度为无穷大时现实理想解就变成了理论理想解。

3. 系统改进应遵循的几条基本原则

为了不违背系统向理想化进展这一系统的基本进化规律,系统的改进必须保证系统的理想度能够得到提高,也就是说必须遵循以下几条基本原则:①原有系统的优点必须保持;②原有系统的不足必须消除;③新系统不应比旧系统复杂;④新系统没有引入新的缺陷。

以上这几项原则的含义是显见的,读者可以结合理想度的定义自行进行分析。

4. 确定最终理想解的基本步骤

确定TRIZ的最终理想解大致包括以下几个步骤:①设计的最终目的是什么;②最理想的结果是什么;③达到理想结果的障碍是什么;④出现这些障碍可能产生什么后果;⑤不出现这些障碍的条件是什么,创造这些条件存在的可用资源是什么。

下面我们用几个例子来加以说明。

【例4-1】 用割草机(图4.1)割草时,噪声大、产生空气污染、消耗能源、高速旋转的草飞出时可能会伤害到人,请提出改进方案。

图4.1 割草机

解题方案的提出过程如下:

(1) 客户的需要(设计的最终目的)是什么?

客户需要的是漂亮整洁的草坪。

（2）最理想的结果是什么？

不用割草就能保持漂亮整洁的草坪。

（3）达到理想结果的障碍是什么？

草要生长。

（4）出现这些障碍可能产生什么后果？

必须要割草，否则就不能保持漂亮整洁的草坪。

（5）不出现这些障碍的条件是什么？创造这些条件存在的可用资源是什么？

草不要生长。生物技术的发展，可能有对草进行改良的方法。

最终的解答：发明一种"聪明草种(Smart Grass Seed)"，这种草生长到一定高度后就停止生长，割草机不再被采用，问题被彻底解决。

这一例题的分析结果给出了很有趣的结论：由于最终理想解的确定，我们甚至抛弃了现存的所有方式。但将理想解定义为"不用割草就能保持漂亮整洁的草坪"，就必须克服原有的"草总是要割的"这一思维惯性；而对于这一点，如果已经真正理解了 IFR 的含义，是不难得出的。当然，在实际操作时，考虑的问题可能会更多，如这种草种的研发成本、维护成本等，它们都是消耗的资源，都将降低理想度。所以在决策时还必须作全面的考虑。

【问题】 假设通过全面的考虑，"聪明草种"的研发存在太多问题，转而将最理想的结果定义为"不需要能源消耗，无噪声地割草"，后面又应该如何考虑？

【例4-2】 理想化设计是理想化在工程设计中的具体体现。我们不可能在无实体下进行具体的设计过程，但我们可以遵循理想化的引导。有一个例子可以说明这样的情境：为了测量浓酸对金属的腐蚀度，人们制作容器并将待测金属置于其中，并在一定的时间后测定金属的被腐蚀量。

这样的解决方案出现了一个问题：待测金属的容器必须由贵金属制作。我们可以对这一方案作简单的理想度分析：为了检测被腐蚀量，在系统中引入了新的物质（贵金属容器），系统的理想化程度没有得到提高，而且可能是下降的。有没有可能不用贵金属容器同样实现腐蚀量的检测。

答案：这是可以实现的，因为我们可以将待测金属制成一个容器，而将浓酸放在该容器内①（图 4.2）。

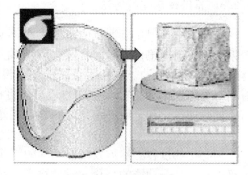

图 4.2 容器的变换

4.2.2 理想实验方法

使"方法"理想化（或称为理想化方法）是科学研究中创造性思维运用的基本方法之一，其基本特点是：①理想的条件和模型在大脑中设计和形成；②理想的模型在大脑中运

---

① 上述解法可以看成 40 条发明原理中"反向原理"的应用，即不是将金属放在浓酸中，而是将浓酸放在金属中。

转；③符合逻辑的结论通过推理获得。所以也称理想化方法为思想实验或理想实验。

思想实验是形象思维和逻辑思维共同作用的结果，同时也体现了理想化和现实性的对立统一。科学历史上，很多科学家正是通过理想化实验获得了划时代的科学发现。

【例 4-3】 伽利略注意到：当一个球从一个斜面上滚下又滚上第 2 个斜面时，球在第 2 个斜面上所达到的高度比在第 1 个斜面上原来的高度稍低，而他断定这一微小的差异是由于摩擦影响的结果，如果不存在摩擦，那么两者的高度应该完全相等。他又推想，在完全没有摩擦的情况下，不管第 2 个斜面的倾斜度多少，只要第 2 个斜面足够长，球都将停在同样的高度。更进一步的推想：如果第 2 个斜面的倾斜度消失而成为平面，那么，球将恒速地永远滚下去，图 4.3 所示为伽利略斜面实验。

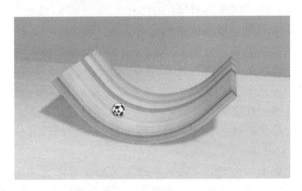

图 4.3　伽利略斜面实验

这是一个理想实验，因为我们不可能去寻找一个无限长又没有摩擦力的平面。但这一实验揭示了事物的某种实质。后来，牛顿在伽利略的基础上进行了进一步的研究，将伽利略的惯性原理确定为动力学第一定律：惯性定律。

4.2.3　系统理想化的方法

按照系统理想化所涉及的范围大小，TRIZ 将系统的理想化方法分为两类：①部分改变系统以实现理想化（简称为"部分理想化方法"）；②全面改变系统以实现理想化（简称为"全面理想化方法"）。在技术系统的创新设计中，通常先考虑采用部分理想化的方法，只有当部分理想化不能实现系统的理想化目标时才考虑全部理想化的方法。从发明等级而言，部分理想化和全面理想化之间是存在差异的，在通常情况下后者产生的创新级别更高一些[①]。

理想化的过程必然涉及功能增强的问题，但功能的增强不一定是功能数量的增加，它也可以只是某一功能的强化。需要注意，在一定的情况下，单纯的功能增加可能并不是理想化的，民用产品的"傻瓜化"趋向可以说明一些问题。

1. 部分理想化

部分理想化是在系统的功能原理不改变的条件下，以各种可能的方式实现系统的理想化。譬如前面所提及的割草问题，如果保持用割草机割草这一原理不变，而试图通过对割

---

① 部分理想化和全面理想化并不意味最终结果有必然的优劣之分，而只是一种对系统改变程度的表述。在后面的表述中，存在许多类似的情况。

草方式或割草机的改进实现割草功能的理想化，就属于部分理想化方法。部分理想化通常贯穿于整个设计过程之中。

部分理想化经常用到以下 6 种理想化模式：

(1) 加强有用功能。

加强有用功能是部分理想化的一种常用方式，所采用的方法大致有以下几种。

① 采用优化方法。如以体积最小、以重量/输出功能最小为目标对系统的设计参数进行优化等等。

② 采用高进化级别的材料。如用碳素纤维制作自行车车身等。

③ 增强系统的可调节性和可控性，如增加调整装置或反馈系统，将开环系统变为半闭环系统，将半闭环系统变为闭环系统等。

④ 提升系统的性能指标。使系统向更高一级的系统进化，以获得有用功能的加强等。

由于系统的有用功能多种多样，所以加强有用功能的过程和所采用的方法也是多种多样的。在这里必须提请注意的是：从理想化角度考虑，加强有用功能并不一定是有利的，必须同时考虑到有害功能是否变化的问题。

(2) 降低有害功能。

从理想化的角度考虑，增加有用功能和降低有害功能都是可行的，而哪一种方式更有效则与理想度公式中的各项所占的比重以及改变的难易程度有关。降低有害功能的可用方法大致有以下几种。

① 对有害功能进行预防、减少、移除或消除。

② 降低能量损耗和浪费。

③ 采用更廉价的材料和零件等实现系统有害功能的降低。如在螺纹传动中用黄铜代替青铜并采用表面技术的方法。

(3) 功能通用化。

应用多功能技术，在成本不增加或增加很少的前提下增加系统有用功能的数量，使系统的理想化程度得到提高。如带有 MP4 播放器、收音机、照相机功能的手机等[①]。

(4) 增加集成度。

集成度和多功能性有部分的相似。集成的结果不但可以减少部分重复性的内容，而且因为集成后的系统通常有更高的成本允许，从而为系统的改进提供了资金方面的保证。集成方法大致有以下几类。

① 将各系统可能产生的有害功能集成起来，以利于处理。当各系统的有害功能被集成起来的时候可能产生以下几种可能性：①便于变害为利，如单张废纸是害，而一堆废纸则很容易被利用。同样的情况还有很多；②便于实现有害功能的分离，使其不再有害或有害性降低，以减小有害功能的数量，节约资源，如在工厂里通常采用集中提供气源的方法，既减少了压缩机噪声的影响，也使得能量损失减少[②]；③几种不同的有害功能可能实现相

---

① 本方法与 40 条发明原理中的多用性和组合(合并)原理具有直接的对应关系。希望各位能够认真地体会和理解本书中经常出现的在不同的内容点有相同的解决方法和思路的问题，并从中感悟：能称为规律或基础的内容并不是很多的——平面几何只有 5 条基本公设。

② 集中供气装置所需的功率通常远小于各单元用气最大量的总和，因为它可以利用各用气单元在绝大多数情况下不可能同时达到最大值这一事实，只要设置合适的蓄能器就可以有效实现上述目的，中央空调采用的也是同样的道理。

互抵消。

② 将各系统可能产生的有用功能集成起来，这种方法类似于系统的多功能化。

③ 将有用功能与有害功能进行集成，用有用功能去克服有害功能。

(5) 个别功能专用化。

系统功能的专用化可以使得系统的专业化生产更容易组织，从而节约成本，提高系统的性能/价格比。专用化的基本方式包括：①功能分解，②划分功能主次，③突出主要功能等方法。并将次要功能分解出去。

近年来，制造业中专业化程度越来越高。如在汽车行业，元器件和零部件均由专业厂家制造，汽车厂家只负责开发设计和组装。

(6) 增加柔性。

系统的柔性的增加可以提高系统的适应范围，有效地降低系统对资源的消耗和空间的占有。目前柔性加工设备越来越多就是这种模式的具体体现。

2. 全面理想化

全面理想化是指在系统功能实现时，选择与原来不同的原理以使系统理想化。严格来说全部理想化后的系统与原系统已有质的差别，已不能相提并论了。譬如前面说的割草问题，如采用了"聪明草种"则系统的本质性变化是不言而喻的。由于这一原因，全面理想化通常是在局部理想化无效时才进行的，全面理想化可以看成是部分理想化从量变到质变的飞跃。没有渐变很难有突变，所以也就没有必要刻意去讨论部分理想化和全部理想化谁优谁劣的问题。全面理想化主要有以下4种模式。

(1) 功能的剪切。在不影响主要功能的条件，将系统中存在的中性功能和辅助功能裁剪掉。

(2) 系统的剪切。尽可能利用外部或内部的可用资源或免费资源，实现辅助系统的省略，从而大大降低系统成本。

(3) 原理的改变。如果改变已有系统的工作原理可以简化系统或使系统的工作过程更为简便，而该原理也是可能实现的，则采用新的原理。

(4) 系统的换代。当系统进入衰退期时，就需要考虑更新换代的可能性。

4.3 发明活动中的资源利用

在实现系统功能时，资源在绝大多数情况下都是必需的。因为在绝大多数情况下资源的浪费就是最大的浪费，而资源的消耗通常也是理想化过程中所占比重最大的有害功能之一——对于一些不可再生资源更是如此。所以在创造发明中对资源问题作完整的、充分的思考是至关重要的，当系统的现实理想化程度越接近理论理想化时，资源的问题将变得更为突出。

创造发明过程中资源的利用主要涉及以下几个方面的内容和问题：①可能有哪些资源？②可以方便地获得什么资源？③准备使用什么资源？④如何使用资源？⑤采用选定的方法使用这些资源可能会带来什么后果？效果如何？等等。

在讨论资源的利用时，必须注意在创造发明过程中资源是一个广义性的概念，而且应该是可以被理想化的(至少是可以被部分理想化的)。只有这样,才有可能充分地发挥人们在创造过程中的想象力。

4.3.1 资源类型

按不同的特点,资源可以分成如下类型。

1. 内部资源和外部资源

系统的内部资源是系统内部所具有的资源,而外部资源则是不属于系统的资源。系统外部资源的构成比较复杂,它可能是属于超系统的,可能是属于超系统内的其余系统的,也可能是属于环境的。根据资源定义的广义性,以及系统在发明创造过程中的可变性,外部资源和内部资源之间存在一定的互变性,在很多情况下只能是一个相对的概念。

在资源的使用中,首先应该考虑的是内部已有的资源,其次是外部资源中的免费资源,再次是外部资源中的非免费资源,最后才考虑是否新增资源。

【例4-4】 要检测滑动轴承工作状态的好坏,有多种方法。

(1) 利用滑动轴承处于混合润滑状态时,不同的金属接触比例必然导致接触电阻变化这一现象(内部资源),通过测量轴与轴承间的接触电阻的变化,并用分析软件(可能是外部资源)进行轴承的工作性能分析。

(2) 根据磨损将产生磨屑这一事实,定期在油箱取油样(环境资源),送专用设备(外部资源)作铁谱分析。

(3) 利用轴承和轴构成热电偶(内部资源),通过信号采样和放大整型系统(外部资源),直接控制工作过程。

2. 直接应用资源和导出资源

1) 直接应用资源

直接应用资源是指在当前状态下可被立即应用的资源,而在工作过程中应用的也是这些资源的直接特性。按不同的特点直接应用资源可分为以下几种。

(1) 物质资源。如石油的燃烧功能、永久磁铁产生磁场的功能等。

(2) 场资源。如地球中的重力场和电磁场等。

(3) 能量资源。如用拖车的能量拖动抛锚汽车等。

(4) 信息资源。如用机器在不正常工作时的噪声和振动可以用来评判机器的工作状况的好坏。

(5) 空间资源。如高层楼房的高层。

(6) 时间资源。如牛头刨床在回程中实现了抬刀、进给等功能,充分利用了时间。

(7) 功能资源。如人站在椅子上换灯泡,利用的就是椅子的辅助功能。

2) 导出资源

将不能直接使用的资源经过转换,使其可以被使用,这种经转换后成为可用的资源称为导出资源。在进行资源的转换时,物理或化学变化是必要的。

(1) 导出物质资源。将物质或原材料变换或施加作用所得到的物质。如煤矿中的煤泥以及品质很差的石煤不能直接用于发电,将煤制成煤粉,与水以一定的比例混合成为水煤浆就可以燃烧发电了;在炼钢时用焦炭而不是直接用煤;等等。

(2) 导出场资源。通过对场资源进行变换或改变其作用强度、方向或者其他特性等得到的场资源。如通过电磁铁将电场转换为磁场等。

(3) 导出能量资源。通过对能量资源进行变换或改变其作用强度、方向或者其他特性等得到的能量资源。如电视机中通过高压包将220V交流电变为高压电等。

(4) 导出信息资源。通过变换与设计不相关的信息，使之与设计相关。如可以通过寻找孔雀石发现铜矿。

(5) 导出空间资源。通过几何形状或效应变化所得到的额外空间。如双面电路印刷板将可以安放更多的布线和元件。

(6) 导出时间资源。通过加速、减速、或中断所获得的时间间隔。如由于计算机处理数据的速度远大于通过网络进行的数据传递速度，所以可以对数据进行压缩制成压缩包后再行传送，从而有效地加快传送速度。

(7) 导出功能资源。经过合理变化后，系统完成辅助功能的能力。锻模经适当的改造就可以在锻造的过程中直接获得商标。

3. 差动资源

差动资源指的是物质和场在不同方向的不同特性（各向异性）或同一方向存在的梯度，这些差异可以形成具有某种技术特征的资源。

通常情况下，均匀的、各向同性的物质和场是人们所希望的。如材料的不均匀性可能导致材料存在明显的薄弱点；场的不均匀性可能增加生产和研究过程中的不可预知性和不可控性。所以，在许多场合人们为会竭力去维护或保证物质和场的均匀性。如为了保证温室中温度的均匀性，人们采用各种控制方式，从经典控制PID到现代控制理论的应用，其目的就是为了获得一个均匀的温度场。但世界是需要差异的，而差异是可以被利用的。当从另一个角度出发考察物质和场的各向异性或在不同方向的不同特性时，可以发现：对于某些具体应用而言，如果物质和场是均匀的，那么就没有（缺少）差别；而没有差别，也就缺少了变化。世界的发展在于变化，同一类别中某一事物表现出的与其他事物不同的特性可以促使这种变化和发展。寻求系统中的不均匀性并加以利用，是获得成功最简便和经济的方法和手段。"突破薄弱环节"、"堡垒通常是由内部攻破的"，这些俗语可以看成是利用了物质的各向异性，也可以说成是利用了场的不均匀性。

差动资源一般分为差动物质资源和差动场资源。

1) 差动物质资源

物质的各向异性是指它们在不同方向上物理特性不同。这种特性是设计中实现某种功能的需要。常见的物质各向异性特性如下。

(1) 光学特性。如金刚石只有沿对称面做出的小平面才能显示其亮度。

(2) 电特性。石英板只有当其晶体沿某一方向被切断时才具有电致伸缩的性能。

(3) 声学特性。零件内部的结构不同造成各方向的声学特性不同，可利用这一特性进行超声波探伤。

(4) 力学特性。竹子各向异性的力学性能使它成为编织的良好材料。

(5) 化学特性。晶体的腐蚀往往在有缺陷的点处首先发生。

(6) 几何特性。可以利用药丸的几何形状进行分拣（只有球形的才可以通过）。

(7) 不同的材料特性。不同的材料有不同的特性，在使用中可以有针对性加以选择和应用。

2) 差动场资源

对场的不均匀性的利用可以分成两种形式：①合理地设计系统中场的变化的梯度，使系统可以更顺利地工作；②利用现已存在的梯度实现我们希望实现的目标。场的种类很多，对它们的不均匀性也可以有多方面的应用，下面将对有关问题进行讨论。

(1) 场梯度的利用。场的梯度也就是场内各点量值间的变化速率。对场的梯度的利用可以分成两个方面：①场存在梯度，但梯度是常数，即线性场；②场的梯度不是定值，即场为非线性场或非连续场。对于非连续场资源的应用我们将在"场的不均匀性的利用"中加以说明。对于线性场的利用，例子很多，如：①能定位于某一高度进行气象探测的高空气球就是利用在不同高度上大气所能产生的浮力不同，也就是浮力梯度的存在实现的；②弹簧秤所利用的是弹簧变形和力的线性关系(线性力场，虎克定律)；等等。对于非线性场的应用，如为保持较大变形段力矩不变的钟表蜗卷弹簧，为使缓冲作用更好的橡胶弹簧；等等，它们产生的机械力场梯度均不是定值。

(2) 场的不均匀性的利用。这里所指的场的不均匀性主要是对非连续场资源的应用。例如，当零件内部存在缺陷时，磁场将发生突变，利用这一特点，采用磁粉探伤就可以获得零件内部的缺陷情况。

(3) 场的值与标准值的偏差的利用。如医人可以通过病人脉搏与正常人的不同判断病人的身体状况。

4.3.2 理想化和资源应用

解决设计问题首先需要考虑的是如何实现所需要的功能，其次是如何最经济地实现该功能，并考虑如何使该功能的实现具有最大的操作便利性和可靠性；等等。虽然技术/经济指标很难全面地反映系统的理想度，但却是其中最为关键的要素之一。所以，在各类设计中如何合理地使用资源，如何保证资源损耗最小(至少是在可以接受的范围内)，始终是设计者需要考虑的问题。

根据 TRIZ 对理想度的定义，有用功能的增加是不应该建立在附加资源的损耗和成本的增加之上的。为实现这一目标，就要充分利用已存在的可用资源，上节关于资源类型的介绍将给我们以启示。

对于理想化设计中的资源应用，是一个困难和复杂的问题，需要更多、更有效的思维、知识和实践。对此在后面的章节中还将多次地涉及，本节只以几个例子对该问题作一简单的说明。

【例 4-5】 夏天的太阳灼人，人们通常用凉伞遮阳。不过很多人希望凉伞除了能用来遮阳以外，还希望凉伞可以给人以一些风。如何解决这一问题。

问题解法：

(1) 可用资源分析。①凉伞实体，包括伞面、伞柄等；②环境，包括阳光，阳光照射产生的温度场等；③持伞之人。

(2) 解决方案：①利用太阳能资源，通过太阳能电池提供电源，由小电机带动电风扇供风；②利用温度场产生空气对流以形成风；③利用持伞之人之手手动产生风。

可见，不同的资源选择将导致不同的设计结果，图 4.4 所示为带风扇的帽子。

【例 4-6】 在一个拍摄现场需要一面随风飘荡的旗帜(图 4.5)，但没有风，而由于拍摄要求在100米的范围内不应该出现鼓风机造风。如何解决这一问题？

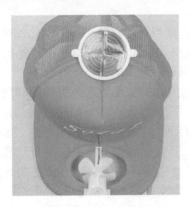

图 4.4 带风扇的帽子

图 4.5 飘扬的旗

（1）可用资源分析。①旗帜、旗杆；②阳光，阳光照射产生的温度场等；③由于主要的限制是不能出现影响拍摄的物品，所以如果引入的物质成本不是太高，只要它满足限制条件都是可以被接受的。

（2）解决方法如下。

① 将旗帜作为主要的改变对象，使其成为可用资源。如用特殊的材料制造旗帜，使它在阳光的照射下能够飘荡。

② 将旗杆作为主要的改变对象，使其成为可用资源。如旗杆是空心的，则在其中大有文章可做：在空心的旗杆上通过流动的空气（风）可能是最容易想到的，最直接的做法是在旗杆内装鼓风机（引入鼓风机作为外加资源）。

【例 4-7】 飞机准备降落时，速度仍在数百公里/小时，但刚刚放下的起落架尚处于静止状态。在飞机落地、起落架与跑道接触的瞬时，起落架上的轮子与跑道之间存在巨大的速度差。起落架滑轮与跑道间较大的相对滑动速度，增加了起落轮的过度磨损。如何解决这一问题？

解决问题的基本方案：①使起落架滑轮与跑道具有较好的摩擦学性能匹配；②在飞机落地、起落架与跑道接触的瞬时使滑轮与跑道具有相同或相近的线速度，由于相对滑动将变得很小，从而有效地避免起落轮的过度磨损。最终选择第二个解决方案。

（1）可用资源：①飞机；②飞机周围的环境。跑道虽然是降落过程中的一部分，因为问题的解决应在落地之前，所以不在考虑之列。

（2）解题思路如下。

① 基本原则：尽管使滑轮转动有很多种办法，但从理想解和理想度出发，添加物质越少就与理想解越为接近；如必须要添加资源，最好是取之不尽，不用付钱的资源。

② 如由飞机驱动起落架滑轮，不但改动较大，而且损耗能源，与理想解相差太远。

③ 在飞行器周围有没有类似于取之不尽，又不用付钱的可用资源？回答是肯定的。飞机附近有空气，而当飞机处于高速运行状态时，机身与外界的空气具有相对速度，可以利用有相对运动的空气作为驱动滑动轮旋转的动力。

④ 如将轮子全个正面都面对运动的空气，空气不可能产生回转力矩，也就不可能带动滑轮作某种速度的运动。

⑤ 应该使滑轮上/下的受力存在差异，从而产生使滑轮转动的转矩，而该转矩应该足够大。

⑥ 最终方案：将滑轮两侧制成叶轮状，并用罩板罩住上半部分(采用非对称原理，见第 5 章)。

⑦ 评价：最终方案只对叶轮作了小量的改动，资源消耗增加很少。由于起落架(图 4.6)在正常飞行时处于收缩状态，叶轮不会对飞机飞行带来不利因素。

图 4.6　飞机起落架

习题及思考题

1. 发明分几个等级？各有什么特点？
2. 理想度是如何定义的？请分析自行车的有用功能和有害功能，假如要提高自行车的理想度，应该做哪些方面的改进？
3. 试举一例说明现实理想解和理论理想解之间的差异。
4. 某农场主有一片农场，放养了大量的兔子。兔子需要吃到新鲜的青草，农场主不希望兔子走得太远而照看不到。请根据确定最终理想解的 5 步法给出解决方案。
5. 自行车是一种常见的机械装置，有普通自行车、山地自行车和赛车之分。请对这些类别的自行车给出各自的理想度分析，并据此说明理想解与使用场景之间的关系。
6. 熨斗是一种常见的日用产品，试分析普通的家用熨斗和洗衣店内熨斗的差别，给出它们的有用功能和有害功能的分析。
7. 列举几个利用环境资源获得创新结果的创新实例。

第5章
发明原理和矛盾冲突

5.1 概　　述

任何创新都是一种问题的解决过程。当提及熟知的"曹冲称象"（图5.1）时，浮现在脑海的不应该只是一个聪明小孩的传说，而应该更多地想到曹冲解决了别人没有解决的、没有先例的问题——一个发明问题。

站在曹冲的位置考虑称象问题，可以发现他面临着这样的困难：①大象太大，我们没有合适的量具可以称量；②假如大象可以分割，分割后的大象是可以用我们现有的称量工具进行称量的，但事实上大象是不可以分割的。

上述问题可以用工程语言描述为："没有足够大的量具来称量一个不可分割的物品"。面对这一问题，可能出现下面的想法。

图5.1　曹冲称象

（1）"这是一个不可能的任务，因为我们没有足够大的量具"。显然，这种太过消极的想法不是一个创造者应该有的，也不是解决问题的想法。

（2）"化时间去设计一个足够大的量具，我们就能完成这个任务"。这虽说是一种解决问题的想法，但思维线路太过直接。对创新问题而言，太过直接的想法通常不是一个好的想法，它们对于复杂的、困难的问题基本上没有什么用处；另一方面，这种做法也不符合理想化的原则，因为根据理想解的概念，在解决问题时应该尽量少地引入新资源，而这一解法不但将耗费大量的时间资源，而且还要引入大量的、新的物质资源——制造称大象的量具。

如果当时曹冲采用了上述两种想法，那么就不可能留下一个被传颂千年的故事了。而事实上是，曹冲对存在的困难采用了完全不同的方法，一系列有创新点的想法，并且采用了现有的资源，从而使问题的解决具有更高的理想化程度。

首先，他考虑了称量工具的替代，即用船（可看成**液体系统**）代替了杆秤。虽然只是相对值，但杆秤在本质上也是相对称量，只是因为有秤砣（标准）才有了绝对值。

其次，曹冲找到了大象替代物，也就是石块（**廉价替代物**）。大象不可以分割，但石块可以分割，而且我们可以采用本来就已分割的，即小石块。

再次，通过对小石块的绝对称量（大象重量的**复制**），使原先已获得的大象的相对重量转换成了绝对重量①。

工程中，像"曹冲称象"之类需要用非直接的方法解决的问题很多。在解决这些问题时，答案的获得通常需要通过某种形式的转换和改变，需要采用具有创新含义的方法；而人们希望有一些获取这些创新方法时可以遵循的规则！

根据"许多解决问题的方法中存在着一种共性的规律性的东西，总结这些共性，就有可能得出一些可以被称之为原理的东西"这一基本观点，Altshuller先生以及他的团队从250余万项具有创新性的高水平专利中总结了40条称之为发明原理的创新方法（表5-1）。TRIZ的40条发明原理来自于经验，来自于对前人的成功运用的概括和归纳，它可以成为解决创新问题得力的助手。

表5-1 TRIZ理论的40条发明原理②

序号	原理名	序号	原理名	序号	原理名
1	分割	15	动态化	29	气动与液压结构
2	抽取	16	未达到或超过作用	30	柔性壳体或薄膜
3	局部性能	17	维数变化	31	多孔材料
4	不对称	18	机械振动	32	改变颜色
5	合并（组合）	19	周期性作用	33	同质性
6	通用/普遍性	20	连续性工作	34	抛弃与恢复
7	套装	21	快速动作	35	材料性能转换
8	重量补偿（互消）	22	变害为利	36	相态转变
9	预加反作用	23	反馈	37	热膨胀
10	预操作	24	中介物	38	强氧化
11	预先防范	25	自服务	39	惰性环境
12	等势性	26	复制	40	复合材料
13	反向	27	低成本替代		
14	曲面化	28	机械系统的替代		

备注：对于原理原理含义和思考途径见附录1

下面从几个角度来讨论如何才能更好地运用40条发明原理这一问题：

首先，分析一下每一条发明原理和可能的领域解③之间的对应关系。理解这一点非常

---

① 清注意上面加粗的文字，并将它们与表5-1作一对照。
② 对于40条发明原理的名称，均应该熟记。只记住几条是不够的。这样才能灵活运用。
③ 见第3章。

重要,它有助于更好地理解 TRIZ,掌握应用 TRIZ 的技巧。现在已经知道,TRIZ 的 40 个发明原理来源于 250 万条以上的高水平专利,但这 250 万条显然不是现有高水平专利的全部;而另一方面,现有的高水平专利也不可能已经解决了现存的或将要出现的各类待解问题。假如认同这样的说法:"除重大发明问题以外,绝大多数的发明问题可以从这 40 个发明原理中得到有用的提示",那么就会发现这样的事实:每一条发明原理对应着无数条领域解。也就是说,尽管发明原理在字面上非常简单,但其含义却是深刻的,是承载着无数条领域解的内涵的。所以要想很好地运用 TRIZ 的发明原理,就必须要学会"悟"。当 Altshuller 从众多的领域解中总结出发明原理时运用了各种创造性思维,而我们在选择原理解时,在将原理解转换为领域解时也需要创造性思维。

其次,需要特别注意:"40 条发明原理不是相互独立的解法,它们之间存在着关联性"。这种关联性有两方面的含义:①多条发明原理之间是有关系的,这种关系可能是互补的,也可能是对立的,等等;②某一创新问题的解决,仅用一条创新原理通常是不够的,而需要同时使用多条创新原理。

再次,必须充分注意资源问题。在发明过程中,当确定了待解决的问题之后,需要做的就是如何利用可以涉及、控制、添/减的资源,可以采用的方式和进程,去完成系统向理想化进展的目的。有哪些资源?可以用那些资源?应该如何创造性地运用可用资源?只有很好地回答了上述问题,才有可能更好地解决发明问题。

下面仅以"分割原理(原理1)"为例对发明原理的理解和应用作简要的说明。

分割(Segmentation)具有以下 3 个基本含义:①将一个问题分解成相互独立的部分;②使得问题易于分解;③增加分裂或分割的程度。

根据这些提示,可以给出该发明原理的一些应用实例(图 5.2):①消防水管分成了便于携带、搬动的多盘短水管,用时再连接在一起;②大的工程项目总是划分成若干个子项

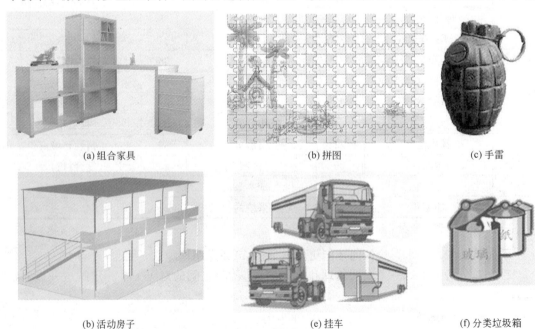

(a) 组合家具　　　　　　　　(b) 拼图　　　　　　　　(c) 手雷

(b) 活动房子　　　　　　　　(e) 挂车　　　　　　　　(f) 分类垃圾箱

图 5.2　分割原理例图

目；③玩具市场中常见的拼图、拼装类益智玩具；④手雷、地雷表面的纵横纹路；⑤组合家具，组合模具；⑥计算机硬盘的分区；⑦用压缩空气喷嘴分解雾化的喷出的水雾；⑧头部可更换的螺丝刀；⑨圆形广场中的花岗石板块。

这样的实例还可以给出很多，但从上述有限的实例中已经可以感知到对"分割"不同诠释。作为练习，希望读者能够从上述实例中找出它们与"分割原理"的对应关系，并进一步理解"分割原理"的概念和内涵，同时在现实生活中寻找更多的补充实例。对于其他原理也可以作类似的练习。

【例 5-1】 打印机的送纸动作是由送纸机构中的送纸辊实现的(图 5.3)。如果两送纸辊之间的平行度达不到一定的要求，则会出现纸张走偏，走纸不畅等问题，但提高加工和安装精度又将增加成本。如何解决这一问题。

解：将其中一个辊子分割成几个短辊，轴向布置于主动辊的上方实现分割后的多点压紧(分割原理)，辊子的压紧采用弹性和浮动压紧方式(动态化原理)。

图 5.3　打印机的送纸压轮

上述解决方法中应用了两个发明原理，这也是现在各种打印机中所采用的，读者可以自己去观察体会。其他的一些实例，如台架通常只有几个小面与地面接触等都包含了"分割原理"的影子。

5.2　矛盾和冲突

"对立统一规律"这一观念是由中国古代哲人在观察世界时最先提出的哲学范畴。他们认为世界是物质的，物质世界在阴阳二气的相互作用下孳生着、发展着和变化着。这种被称为"阴阳学"的学说是中国古人认识和解释自然世界的重要哲学思想，含有朴素的辩证思想，是对事物对立统一规律的客观描述。

图 5.4　阴阳鱼

阴阳学的学说认为阴和阳相互转化生生不息，阴阳的对立、统一、消长、和谐这一哲学思想被我国古代的先哲浓缩于太极图中(图 5.4)。两鱼互纠互倚，阴鱼白睛；阳鱼黑睛。阴中有阳，阳中有阴，正如宋·周敦颐在他的《太极图说》中所阐述的那样："无极而太极。太极动而生阳，动极而静，静而生阴，静极复动。一动一静，互为其根。分阴分阳，两仪立焉。"太极是阴阳的统一体，与辩证法中"对立统一规律"相吻合。

老子在《德道经》中说道："万物负阴而抱阳"，指明了一切现象和事物都存在正反两个方面，阴阳的对立与消长是宇宙万物的基本规律。大千世界，从宏观天体到微观粒子，无不是一分为二又合二为一的，并且都处在不断地运动变化之中。

矛盾是普遍存在的，社会的各个方面充斥着矛盾，其极端表现即冲突。只有不断地发现和解决冲突，社会才能进步，而解决的冲突越大则进步也就越大。

5.2.1 问题和矛盾

对立统一规律是唯物辩证法的实质和核心,它是所有事物发展的基本规律。在技术系统的发展过程和创新活动中,矛盾的发现和解决是不可回避的两个问题。在对冲突和矛盾作更深入的分析前,首先区分一下两个基本的概念:问题和矛盾。

"问题包含着矛盾,但问题并不等同于矛盾"。当只是"就问题而论问题"的时候,问题的发现通常是直接而容易的,因为在这种情况下,讨论的只是存在的不足,而不涉及其他。相比而言,矛盾的发现就要难得多了,因为人们需要回答的是:"为什么会这样"?矛盾需要对问题进行分析,需要提炼。对于同一个问题可以定义出多个矛盾,但如果不对问题作深入的思考和分析,就有可能明知问题存在却发现不了矛盾。下面用几个生活中常见的例子对"问题"和"矛盾"的关系加以说明[①]。

【例 5-2】 城市交通拥堵(图 5.5)是一个普遍性的问题。但产生这一问题的矛盾是什么?根据不同人的不同理解,可以定义出多个矛盾。

图 5.5 普遍的城市交通拥堵

矛盾对 1:有限的道路空间↔过多的车辆。

矛盾对 2:人们的素质提高速度↔城市的发展速度。

【例 5-3】 学校的就业是一个社会问题,而对于部分专业而言,就业问题已比较严重,请给出引发问题的矛盾对。

矛盾对 1:该专业的毕业生太多↔就业岗位有限。

矛盾对 2:学校自己的专业定位↔企业对该专业的定位。

作为练习,请读者给出更多的矛盾对。

从上面两个例子中可以看出,对于同一个问题如果选择了不同的矛盾对就将得到不同的问题解法。要解决问题就必须去努力地发现问题中存在的矛盾(冲突),但要更好地、更有创造性地去解决问题,就必须发现关键性的矛盾,或是说希望和应该去解决的矛盾,而

---

① 我们在矛盾定义的过程中,通常首先给出一个解决问题的方法,而矛盾只是解决过程中可能出现的对立面。这是用 TRIZ 理论矛盾矩阵解决具体问题时的一个特点:首先提出问题的解法,然后寻求解法中的矛盾,通过矛盾的解决获得最优的解决方法。

做到这一点却并不是一件容易的事。譬如说，现在有一个怪现象，路越修越多，但道路却越来越堵。这一事实表明，多修路并没有解决道路拥堵的关键矛盾，那么什么才是道路拥堵的关键矛盾呢？对此，希望读者给出自己的答案。

对于同一问题可以得出不同的矛盾，所以在创新活动中必然要回答这样的问题："在这些众多的矛盾中，哪一个才是值得我们去解决的呢？"

对于上述提问，可以采用两种完全不同的处理态度：①从实用角度考虑，可以认为所定义的矛盾都可以作为关键矛盾，因为只要解决了其中任何一个，问题就得到了解决；②从创新角度考虑，也可以认为它们都不是关键矛盾，因为可能存在尚未发现的矛盾对，因为还没有考虑矛盾解决的可能性，没有考虑解决矛盾的成本，没有考虑解决问题时的创新性。

由此可见，解决"创造问题"时的关键矛盾定义与"哲学意义"上的定义存在一定的差异。在解决创造问题时，矛盾的定义更为实际，考虑的因素可能并不是如此的"纯粹"：既要使问题得到解决，又希望问题的解决能更为便利，最好是不花费成本的。由于不同的矛盾定义可能导致完全不同的问题解决方法的运用，所需要的资源也有所不同，所以对其作更多的考虑通常是必要和必需的。

5.2.2 TRIZ 对冲突（矛盾）的分类和认识①

对于 TRIZ 理论而言，有关冲突的定义与上面的表述还是有所不同的。有这样几种现象是普遍存在的。譬如说：①当寻求某种性能的改善时，却有可能减弱了另一个有用作用（性能），也有可能增强某一有害作用；②有时会对某一个参数提出完全相反的要求。当然也有可能遇到无从下手的情况。

【例 5-4】 增加警力可以改善道路的拥堵情况，这是被改善的性能；但由此而带来的则是多项开销的增加。

【例 5-5】 机械产品由多个零部件组成，包含有多种不同的作用。对整体系统而言，同一作用可以是有利的，也可以是有害的。既需要这些作用，又不希望有这些作用存在。譬如说，压簧各圈之间需要存在空隙，因为只有这样它才能起作用，但这种空隙的存在却使得它们在一起放置时可能发生缠绕，而这是我们不希望的；另外，当寻求某种功能改善而引起其他功能的变差，这种情况可能更为普遍。如提高了钢材的强度却使加工变得困难，等等。

1. TRIZ 的冲突分类

根据冲突的不同表现形式和不同的形成原因，Altshuller 将冲突分为管理冲突、技术冲突和物理冲突三大类。一般而言，TRIZ 将管理冲突排除在考虑的范围之外，即 TRIZ 主要解决的是技术矛盾和物理矛盾。

1) 管理冲突

管理冲突指的是这样一种场景：根据现场出现的情况，从内心认为需要做一些事情

---

① 冲突和矛盾是既有关联又有差异的两个概念，冲突可以视为较为突出和激烈的矛盾。对 TRIZ 而言，定义为"解决冲突"更为贴切。考虑到有些文章中的介绍用词并和矛盾矩阵构成关联，我们同时应用了这两个概念，事实上，对此作太多的区分并非十分必要。

了，以希望取得某些结果或避免某些现象的发生，但却不知如何去做。显然，这种情况的出现是可悲的，其可悲之处在于：当人们知道需要做某些事的时候，肯定已发现了某种不足；但不知如何去做，其原因可能是没有发现真正问题之所在，或者是没有发现问题中的矛盾之所在。

TRIZ所提供的工具不能直接求解管理冲突，但却提供了多种有效地分析问题的方法，通过对问题的分析，有可能获得问题的矛盾，从而解决它们。作为一种建议，在实际操作时可以先对问题给出一个方法，而不必考虑这种方法的有效性究竟有多大。在此基础上试图定义矛盾，并努力解决它。通过一步步的工作，逼近问题的真相，即定义出问题的关键矛盾。

2）技术冲突

对于技术冲突，TRIZ的定义为：一个系统存在多个评价参数，而技术冲突总是涉及系统的两个基本参数，如A和B。而当试图改善A时，B的性能变得更差了；或反之。如果考虑的系统参数超过2个，则可以构建另外的技术冲突。

技术冲突是非常普遍的一类冲突：想吃一份好菜，但太贵；想穿一件时髦的衣服，但太过招摇；想坐车，但有人说应该步行，因为坐车会影响环境；在增加飞机发动机功率的同时，一般也会增加发动机的质量，由于飞机发动机通常悬挂于机翼，所以实际上又相当于削弱了机翼的强度，等等。

在用某种方法去实现我们所需要的功能（有利效应）的时候产生了另一方面的不足（产生了不利效应）时，就称为出现了技术冲突。

3）物理冲突

虽然物理冲突也是矛盾，但它与技术冲突有截然不同之处。物理矛盾只涉及系统中的一种性能指标，其矛盾在于：为了某种功能的实现，对这一性能指标提出了完全相反的要求，或对该子系统或部件提出了相反的要求。如例5-5所示："为了压簧能够起作用，所以各圈之间必须有空隙；但为了不发生缠绕又希望各圈之间没有空隙"，问题的解决对同一参数提出了完全相反的性能要求。

根据上面的叙述，可以发现：物理冲突是一种"自相矛盾"的冲突，所以相对于技术矛盾而言，物理矛盾是更尖锐的矛盾，通常情况下也是更为接近于问题本质的矛盾。

2. TRIZ对冲突意义的认识

TRIZ有一个重要的精神："未克服冲突的设计不是创新设计"。TRIZ理论认为创新必须克服冲突，而产品进化的过程就是不断解决产品中存在的冲突的过程；同时也认为，当产品在因为前一冲突解决而获得进化后，产品的进化又将出现停滞不前的现象，直到又一个冲突被解决。

TRIZ是为了解决冲突而产生的，它不承认任何的折中解决方法。这种与传统的折中法完全不同的提法给了我们更大的压力："创新必须解决某种不调和，必须解决矛盾"；但实际上也给了更多的瑕想"能不能从平凡的问题中发现冲突，从而使一个普通的问题成为一个创新的问题"。当然，后一种提法已包含了更深层次的含义。

下面举几个例子说明传统折中法中可能采用的解决方法和TRIZ矛盾解决方法之间的差别。

【例5-6】 为了观看方便，希望手机的屏幕越大越好，按键区也应该有一定的空间。

但这必然会增加手机的尺寸。可以这样定义冲突：①希望手机的屏幕大，又不希望手机的屏幕大(定义为了物理矛盾)；②在改善了手机的观看性能的同时增加了它的尺寸(定义为了技术矛盾)。

折中法：综合考虑观看和尺寸后给出一个合适的大小；

TRIZ 解法：采用"维数变化"原理，将手机改为折叠式的；移盖式。甚至将屏幕与按键做在同一平面上(空间的虚拟划分)，就成为了触摸屏手机。

图 5.6 给出了几种手机的示例。

(a) 翻盖手机

(b) 移盖手机

(c) 触摸屏手机

图 5.6 手机示例

【例 5-7】 V 型带传动中，为增加带传动的功率，常采用增加带的根数或选择大截面带的方式。但带的根数增加将使得各带之间的受力均匀性变差，而且当轴端为悬臂形式时，轴支承的受力状态也将变差；若采用选择大截面带的改进方法，则在带轮直径不变的情况下将使得弯曲应力变大(其中的矛盾是显然的，读者可以作为练习自行完成)。

折中法：选择合适的根数，选择合适的带截面。

图 5.7 多楔带

TRIZ 解法：采用"复合材料"原理，如碳素纤维制成的 V 带；采用"组合"原理的多楔带(图 5.7)；等等。

现实中类似的情况很多。可以用传统的折中法解决一些问题，但却不能否认 TRIZ 对冲突的处理确实给了人们一些新的思路。

5.3 标准工程参数

系统(产品)的性能是因各种性能指标的存在而具体化的，而系统性能的好坏也是由系统各种性能指标所能达到的水平而进行衡量的。如前所述，技术冲突的实质是在改善产品的某项性能时引起了另一性能参数的恶化；而物理冲突则是对某一性能参数提出了相反的两种要求。所以要描述系统性能和系统存在的冲突，就必需定义与系统相关联的性能参数。

在实际工程工作中，不同的工程师和科学家也许会对相同的问题和冲突给出不同的性能参数描述。尽管这些描述可能都是正确的,但却产生了标准化的问题,产生了问题成功解决方案的推广问题。对此,Altshuller 提出了下面的问题:"所有技术冲突是否可以浓缩成有限个数的技术冲突,并可以用一般的参数来描述。"经过研究他们给出了肯定的答案。

从 1946 年到 20 世纪 70 年代时期,前苏联的 TRIZ 专家们一直在检查全球的专利集,其目的之一就是试图用一般化的工程参数和特征语言描述系统的重要特征,最后他们找到了 39 个标准特征,见表 5-2。

表 5-2 TRIZ 定义的 39 个标准工程参数

序号	参数名称	序号	参数名称	序号	参数名称
1	运动件的重量	14	强度	27	可靠性
2	静止件的重量	15	运动件作用时间	28	测试精度
3	运动件的长度	16	静止件作用时间	29	制造精度
4	静止件的长度	17	温度	30	作用于物体的有害因素
5	运动件的面积	18	光照强度	31	物体产生的有害因素
6	静止件的面积	19	运动件的能量	32	可制造性
7	运动件的体积	20	静止件的能量	33	可操作性
8	静止件的体积	21	功率	34	可维修性
9	速度	22	能量损失	35	适应性或多用性
10	力	23	物质损失	36	装置的复杂性
11	应力或压力	24	信息损失	37	测控的复杂性
12	形状	25	时间损失	38	自动化程度
13	结构的稳定性	26	物质数量增加	39	生产率

TRIZ 所定义的 39 个工程参数的有关含义是需要思考和体会的,也有许多学者对上述 39 个工程参数的合理性提出了自己的意见,但这总是"仁者见仁、智者见智"的问题。由于对创新技法本身都难以有一个完全统一的认识,所以关于性能参数的争论应该是更为平常的。

TRIZ 定义标准参数的目的有以下几个。

(1) 有利于标准问题的形成。如前所述,TRIZ 所能做的只是对于标准问题给出原理解,在问题(矛盾)的双方被约束在一定的范围之内后,原理解也就容易获得了;

(2) TRIZ 提供了所谓的解决技术矛盾的矛盾矩阵,为了可能建立这样的矩阵并用它来解决创新问题,必须定义标准参数。

虽然标准参数的定义并不是十全十美的,但在一般情况用这些参数描述机械系统设计中应该考虑的因素通常是合理和有效的。下面我们对表 5-2 中的有关参数进行必要的说明。

1. 参数分类

为了更好地理解并应用 39 个工程参数,表 5-3 对所有参数按几何、资源、害处、物理、能力、操控等特征进行了分类。

表5-3　39个工程参数的分类表[①]

几何	3. 运动件的长度 4. 静止件的长度 5. 运动件的面积 6. 静止件的面积 7. 运动件的体积 8. 静止件的体积 12. 形状	资源	19. 运动件的能量 20. 静止件的能量 22. 能量损失 23. 物质损失 24. 信息损失 25. 时间损失 26. 物质数量增加	害处	30. 作用于物体的有害因素 31. 物体产生的有害因素
物理	1. 运动件的重量 2. 静止件的重量 9. 速度 10. 力 11. 应力或压力 17. 温度 18. 光照强度 21. 功率	能力	13. 结构的稳定性 14. 强度 15. 运动件的作用时间 16. 静止件的作用时间 27. 可靠度 32. 可制造性 34. 可维修性 35. 适应性和多用性 39. 生产率	操控	28. 测试精度 29. 制造精度 33. 可操作性 36. 装置的复杂性 37. 测控的复杂性 38. 自动化程度

2. 参数在不同领域中的不同理解

如前面曾经提及的那样，尽管 TRIZ 的 40 条发明理论更多的是从工程领域的专利中获得的，但它并非只适合于工程领域，所以上述的 39 个工程参数也可以有其他领域中的解释(工程参数的对应关系决定了矛盾矩阵是否能被使用，见后)。以最简单的"力"和"应力"为例，应该如何理解？

一种在管理领域尝试的解释法是："力"：强制力、打击力、精力等；"应力"：社会的承受力、可恢复能力等。

对于标准参数在不同领域的不同解释，有许多学者在作相应的研究，此处只作"抛砖引玉"式的说明。有兴趣的读者可以查阅相关的资料。

3. 参数的广义性解释

39 个标准参数在机械领域的含义基本上保留了其原始含义，但在具体的应用中还是需要作更多的体会，特别是在"广义性"方面。下面只对部分参数作简单的含义说明。

(1) 长度、面积并不一定是线性的，而是具有广义含义的，即长度可以是轮廓曲线的长度，面积可以是物体表面积，等等。

(2) 作用时间。物体完成规定动作的时间、服务期，以及两次误动作之间的时间也可以是作用时间的一种度量。

(3) 运动物体与静止物体在能量上的差别在于前者具有动能，而静止物体的能量包括电能、热能和核能等。

[①] 洪永杰，TRIZ 理论应用简介，http://designer.mech.yzu.edu.tw/

(4) 物质的含义是广义的,可以是材料、部件及子系统。

(5) 当参数的定义难以确定时,将它们定义为"作用于物体的有害效应"(No30)或"物体产生的有害效应"(No31)通常是有效的。

5.4 技术冲突和解决方法

技术冲突是机械工程中最常见的冲突。从创新的角度处理技术冲突就是要消除技术冲突,即不仅要改善冲突一方的性能,而且又要不降低冲突另一方的性能指标。对于创造者而言,永远不要说的话是"这种事情是永远做不到的"。技术冲突的解决可以借助于 TRIZ 的工具"矛盾矩阵",通过前述的 40 个发明原理实现。下面将对矛盾矩阵的运用作详细的说明。

5.4.1 矛盾矩阵

在确定了 39 个标准参数后,Altshuller 对用标准参数对所表达的技术冲突与 40 条发明原理之间的对应关系进行了研究,建立了所谓的冲突矩阵(或称为矛盾矩阵),图 5.8 给出了矛盾矩阵的局部(详见附录 2)。

TRIZ矛盾矩阵

改善参数＼恶化参数		1 运动件的重量	2 静止件的重量	3 运动件的长度	4 静止件的长度	5 运动件的面积
1	运动件的重量	×	—	15,8,29,34	—	29,1,38,
2	静止件的重量	—	×	—	10,1,29,35	—
3	运动件的长度	8,15,29,34	—	×	—	15,14,
4	静止件的长度	—	35,28,40,29	—	×	—
5	运动件的面积	2,17,29,4	—	14,15,18,4	—	×
6	静止件的面积	2,26,	30,2,	—	26,7,	

图 5.8 矛盾矩阵示意

在冲突矩阵中,首行与首列元素都由 39 个标准参数组成,而其他位置的矩阵元素则给出了解决相应技术冲突可用的发明原理在 40 条发明原理中的序号,所以冲突矩阵是一个 40×40 的方阵。根据定义,当冲突发生在同一参数的两个方向时,就不再是技术冲突而成为物理冲突了,而冲突矩阵是针对技术冲突的,所以在矛盾矩阵中的对角线元素均为空元素。一般而言,只要用标准参数定义了技术冲突,就可以从冲突矩阵中发现可用的发明原理。

除了对角线元素以外,TRIZ 的矛盾矩阵中还存在一些空白元素,这说明对于这些标准参数元所构成的矛盾对,TRIZ 并尚未发现相应的原理解。如前所述,TRIZ 是一个基于现有知识的创新技法,所以矛盾矩阵本身也是在发展过程之中的:在已有原理解的矩阵元素中,原理解可能进一步增加;而对于尚不存在原理解的矩阵元素,可能会被加入新原理解,当然也可能永远不被加入,那只能说明:元素所对应的技术矛盾在现实中是不存在的;或者是 TRIZ 的 40 条发明原理需要进一步的扩展。

5.4.2 应用矛盾矩阵的步骤

在应用 Altshuller 的矛盾矩阵时,应该遵循一定的规则,否则很难获得满意的结果。下面对有关步骤进行介绍。

1. 系统分析

系统分析的主要目的是为了更清楚地明确系统的组成,以便更好地进行问题的描述和定义。系统分析主要包括以下步骤。

(1) 确定技术系统的名称。TRIZ 是一种基于知识和经验的创新方法,而一个成功的创新案例不但是经验的积累,也是知识的积累。准确地定义系统的名称将使当前问题的解决方案在今后得到更好的使用[①]。

(2) 确定技术系统的主要功能。技术系统的主要功能是在系统设计和改进过程中必须保证的需求,是系统应该存在的前提。在技术系统主功能的定义过程中应该注意寻求最根本的、最实质性的功能需求。如自行车的主要功能是运输物品——人,如果有人设计的自行车没有了这一功能,那么设计也就没有任何意义了。

(3) 确定技术系统的辅助功能。技术系统的辅助功能是在主要功能得到保证的前提下希望实现的某种功能。辅助功能可能对增强主功能有帮助,如自行车的刹车装置;也可能完全与主功能无关,如自行车中的一些装饰物。与主要功能不同,辅助功能没有"不存在 X,就再不是 Y"的重要性,所以在某些条件下,辅助功能甚至可以被分离出系统之外。

(4) 详细地分解技术系统。分解技术系统时,应该注意分解的层次。不能太粗,但也不能太细。分解太粗不能发现问题,而太细又可能使问题的重点迷失在细节之中。一般的做法是先进行粗分后再逐渐细化,特别是对存在关键问题的部分应该进行细化。

(5) 分析技术系统、关键子系统、一般子系统(包括零部件)之间的相互关系和作用。在一个技术系统中,各部分之间是相互联系的,由于这种联系的存在,子系统产生的有益或有害的作用都会影响到其他子系统功能的发挥。

(6) 定位问题系统或子系统。确定问题存在的系统或子系统。

(7) 对问题作详细的描述。在对问题进行定义时有两点需要重点关注:①要注意所定义的问题是最根本性和最本质性的问题,而不应该是表面的;②在描述问题时尽量少用专业性的词汇。例如要对轮船的锚定装置进行改进,将问题描述为"锚定功能不足"有可能使人限于对锚的改进,而将问题描述为"将船舶稳定在海面的程度不够",则解决问题的思路将有可能得到拓展,因为要将船舶稳定在海面上不一定用现在使用的锚定装置。

2. 定义冲突(矛盾)

在应用矛盾矩阵进行问题求解时,冲突的定义是其中最为关键的步骤之一。这有以下

---

① 注意资料的积累对任何领域而言都是一个良好的习惯。

几个方面的含义。

（1）只有定义了矛盾参数，才能使用矛盾矩阵。

（2）只有明确和确切地定义了冲突才有可能获得最有可能解决问题（不是冲突）的原理解。①不同的冲突定义，将在冲突矩阵中得到完全不同的原理解；②如定义的冲突不能反映问题的根本问题，就算得到了可以实体化的原理解，所解决的也不是最需要解决的问题冲突①。

下面对冲突的定义过程进行简要的说明。

（1）确定系统应该改善的特性。

系统应该改善的特性通常是比较容易确定的，因为它通常与所提出的问题有较为直接的关联。对于应该改善的特性，所要做的工作主要在于如何正确和精确地加以描述。

（2）确定并筛选系统被恶化的特性。

确定可能引起的系统恶化特性要比第一步的难度大得多，可能出现以下几方面的情况：①有多个可能恶化参数，但不知道确定哪一个；②因为不知道如何解决问题，所以根本不清楚可能出现何种恶化因素；③性能被改善但未产生恶化因素。对于第三种情况，问题已然得到解决，也就不成为冲突了，下面只对第一种和第二种情况加以讨论。

① 对于第一类情况，可以列出各种可能被恶化的性能，对每一个"恶化可能"构建一个"冲突"，逐一进行分析。

② 对于第二类情况，基本上属于管理矛盾。这时可以采用笔者前面对管理矛盾处理所给的一些建议：利用发散思维，努力地构思一种解法，哪怕是一个最不着边际的解法，一个看似荒唐的想法。譬如试一下"头脑风暴法"。只要有了解决方法，就可能构造矛盾对，才可能去解决这个矛盾对②。

（3）将确定的改善和恶化特性与39个标准参数作对应转换。

在确认了一个技术冲突，即确定了冲突双方的领域定义后，就需要将该问题所表达出来的冲突双方（用特定术语描述的）从问题所处的技术领域转换为一般性描述，即将这些特定术语翻译成一般术语（39个工程参数）。

（4）确定是技术冲突还是物理冲突。

在冲突双方明确后并转换为标准参数后，该问题是比较容易确定的。只要不是同一参数就是技术冲突，否则是物理冲突。

（5）对矛盾作反向描述。

对矛盾作反向描述是为了更好的理解矛盾。在前面的描述中，我们根据问题的提出，首先明确了需要改善的参数，从而得出了在改善过程产生的矛盾：另一参数变差了。如我们进行反向的描述，原变差的参数要得到改善，何种参数变差了？结果有可能不是在前面的改善

---

① 在具体的解题过程中，如不能明确定义地出关键性冲突，可以先多给几对不同的定义，以获得更多的原理解，并在所得的原理解中发现与具体问题的解决最为贴合的解。

② 对于上述说法，可能有人会提出不同的看法："既然管理冲突是指希望取得某些结果或避免某些现象，需要做一些事情，但不知如何去做，你怎么还会有方法呢，你的说法存在矛盾"。但笔者认为：在管理矛盾中，需要改善的指标（问题）是清楚的，而世界上的所有问题均应有其解决的方法，只是尚未被发现而以。为了解决问题而不是消极等待，就必须定义可能出现的对立一方面，使冲突成为完整的。"万事开头难"，一个错误的想法也远好于没有想法。对本论点的展开需要较多的时间，也可能需要更多的认可，这里所述的只是作为一个提示，提请各位在创造过程中加以注意，给出自己的答案。

过程中确定的主要改善参数。当上述情况发生，我们就可以对问题进行另外的考虑了。

(6) 确定冲突。

经过前面的多步工作，矛盾就可以被最终确定了，标准参数也可以被确定了。

冲突的定义包括了矛盾双方的确定，也包含了领域参数向标准参数转换的问题。冲突定义是 TRIZ 应用中最需功力的环节，也是 TRIZ 理论是否可以发挥其功效的关键。为更好地定义冲突，不但需要技巧和练习，而且也是一个整体把握以及预测目标能力的体现。

3. 原理解的获取和利用

(1) 查矩阵获发明原理号。根据确定的改善和恶化的参数就可以在矛盾矩阵中获得所给出的原理解。事实上，在矛盾矩阵中获取原理解是简便的，难点在于如何运用。

(2) 分析所得的原理，分析其可用性。这是矛盾矩阵应用中最为困难的一步。在矩阵中给出了一些发明原理(通用解)，也给出了一些成功的实例。如果实例中正好包含了你的问题，当然问题得解。但这种情况是很少发生的，在绝大多数情况下需要你发挥想象力，去寻求 TRIZ 所给的解法实例与你所遇到的问题之间的相互关系，并从中获得可能的提示。这是一个需要经验和细心的工作，依靠以往解决问题时所获的经验和足够的敏感可以使你发现问题间的相关性；而细心将使你可以发现哪怕是微小的相关性，而这些发现也会给你以提示。

(3) 进行实际方案的转换或重新寻求原理解。如根据分析，在 TRIZ 所提供的原理解中发现了可以利用的原理后，需要做的就是将原理解转换为领域解，问题也就得到了解决；但如果不是如此，则需要开展再一次的问题、冲突定义和相应的后续工作。创新是一项复杂的工作，反复在一般情况下是不可避免的。

5.4.3 应用实例

对于任一问题，在确定冲突对的标准工程参数后，通常就可以得出问题的一般性解决原理。但 TRIZ 的矛盾矩阵所给的原理往往不止一条[①]，这些原理可能都有用也可能均无用。有用与无用的确定有时是非常困难的，因为正如前面所述，原理的真正应用是在将其向领域解变换之后。创造者必须在原理选定后，给出如何应用该原理的判断，给出特定问题的特定解，而这是需要想象的。对于复杂的问题，一条原理往往是不够的，在必要的情况下，进行另一方向的思考，以不同的思路重新选择标准工程参数可能给你以更多的提示。下面将以几个实例对解题过程进行说明。

【例 5-8】 为了在较短的距离内将松软的物体提升到一定的高度，需要增加传送带的倾角；但由于摩擦力的限制，太大的倾角将导致物体下滑而不能被提升。

(1) 冲突定义。

改善因素：减少了传送距离→静止物体的长度(No4)。

恶化因素：传送的可靠性下降了→可靠性(No27)。

(2) 从矛盾矩阵中获取原理解。

查矛盾矩阵获得以下几个通用解：①No15 动态特性；②No29 气压与液压结构；③No28

---

① TRIZ 矛盾矩阵中给出的原理解是根据这些原理解在专利中出现的频度而确定的。对于有用解，如频度较小则可能没有出现在矩阵中。

机械系统替代。

图 5.9　皮带输送机

(3) 选择合适的原理解。

① 原理 No1 提示我们可以动态改变传送带的性能，似乎可以采用。如在皮带中加入制冷装置（图 5.9），使物品冻结在传送带上。也就是说传动带的性能在整个长度上是动态变化的。

② 原理 No29 提示可以采用气压与液压结构。做这样的想象：在传动带的背面增加附加的吸力；用气压产生附加推压力，等等。似乎也能用。

③ 原理 No28 提示采用机械系统替代方法。对于该原理解笔者想不出有可用之处，因为不采用传输带就是另外的问题了。不过读者可以自己给出思考①。

图 5.10 所示为一种自动印刷开槽机，其纸张的运送全程都采用了真空吸附送纸的方式。

图 5.10　全程真空吸附送纸自动印刷开槽机

【例 5-9】　为了提高坦克的抗打击能力，希望坦克有更厚的装甲。但太厚的装甲必然增加坦克的重量，影响坦克的机动能力。

(1) 冲突定义。

改善因素：提高坦克的抗打击能力→强度(No14)。

恶化因素：坦克的重量→运动物体的重量(No1)。

(2) 从矛盾矩阵中获取原理解。

查矛盾矩阵获得以下几个通用解：①No01 分割原理；②No08 重量补偿原理；③No40 复合材料；④No15 动态特性。

(3) 选择合适的原理解。

① No01 提示可以将装甲作必要的分割，可行吗？

② No08 提示可以采用重量补偿的方法，使坦克的作用重量变小，可行吗？

---

① 譬如说，将摩擦力理解为机械作用，则该原理就可以有多样的应用了。

③ No40 提示可以采用复合材料制作坦克，这已被成功使用。图 5.11 所示为复合装甲。

④ No15 提示可以采动态特性原理，使坦克装甲动态化，行吗？可能是一个很好的想法①。

在分析了前面两个例子以后，人们可能会产生这样的疑问，将特定术语翻译成一般性的标准工程参数是确定的吗，难道不能将"提高坦克的抗打击能力"翻译成"提高系统的可靠性"？回答是肯定的："当然可以进行不同的翻译！"这种不同的翻译实际上就是对问题不同的理解。如将例 5-8 中被改善的性能翻译成了标准参数 No27，同样也可以得到原理解，它们是：

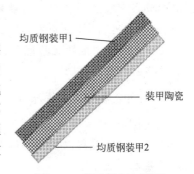

图 5.11 复合装甲示意图

① No03：局部质量；
② No08：重量补偿原理；
③ No10：预先作用；
④ No40：复合材料。

作为练习，读者可以尝试对上述不同的原理解，给出进一步的分析。图 5.12 所示为坦克改进前后的参数比较。

(a) 德国"虎2"式重型坦克
战斗全重:69.8吨，炮塔前部装甲:185mm

(b) 美国"N60A1"坦克(复合装甲)
战斗全重:52吨，车体正面:110mm

图 5.12 坦克的改进

【例 5-10】 中国教育中的划一性被广为诟病，但却难以根除。因为不可否认这种方法还是存在一定的合理性的。下面尝试用矛盾矩阵给出解决问题的提示。

分析：划一性教育的优点之一是可以比较容易地保证学生达到基本的教学要求，而缺点则是所培养的学生缺乏特色。

1. 冲突定义

(1) 定义被改善和被恶化的性能。
① 被改善的性能：能保证学生达到基本的教学要求。
② 被恶化的性能：培养的学生缺乏特色。
(2) 转换为标准参数。

---

① 因为许多问题的解决方法是不存在唯一性的，而且根据前面曾经多次提到的事实：原理解只是给出了解题的方向和提示，而获得领域解是需要领域知识的，所以本书在许多地方都采用了上述提示性的表述方法。

① 假如将教学过程视作一完整的系统工作过程，我们可以将"能保证学生达到基本的教学要求"理解为"教学的最终结果较为稳定"，为此我们定义改善的参数为：增强了"结构的稳定性"，参数号为№13。

② "培养的学生缺乏特色"当然将使得学生的适应性变差，定义被恶化的参数为：恶化了"适应性和多用性"，参数号为№35。

2. 利用矛盾矩阵获得原理解

冲突对："结构的稳定性"（№13）VS"适应性和多用性"（№35）

查矛盾矩阵获得以下几个通用解：№35，№30，№34，№2，根据附录1可以发现通用解的基本含义如下：

1）№35 材料性能转换：
① 改变物体的各种物理状态，在气态/液态/固态间变化；
② 改变浓度或密度；
③ 改变物体的柔度；
④ 改变温度；
⑤ 其他参数。

2）№30 柔性壳体或薄膜。
① 用柔性壳体或薄膜代替传统结构；
② 使用柔性壳体或薄膜将物体与环境隔离。

3）№34 抛弃与修复。
① 当一物体完成功能后无用时，可抛弃或修改；
② 立即恢复一个物体中所损耗的部分。

4）№2 抽取。
① 抽取物体中关键部分(有害或有利)

3. 领域解确定

1）原理解1提示应该进行物体材料性能的转换。根据这一提示应该对现有的评价标准（代表了不同的性能参数）进行修改。

2）原理解2提示应该采用柔性壳体或薄膜。根据这一提示应该柔化(不是取消)学校和社会之间的隔离。使学生处于一种柔性的管理之下。

3）原理解3提示可以采用抛弃与修复的方式。对学生是不能抛弃的，但可以修复。根据这一提示应该及时地发现出现的问题并进行改进。

4）原理解4提示可以抽取物体中关键部分(有害或有利)。如前所述划一性教育有优点也有缺点，一棍子打死的方法是不可取的。根据这一提示应该抽取其中的合理部分加以发扬，或者抽取其中有害部分加以摒弃，从而形成一个新的教育模式。

对于上述问题也可以定义不同的矛盾，得到不同的原理解这里就不再一一分析了，读者可以将其作为练习。下面将尝试这样一个想法：对上面分析作反向思考将得到什么样的结果。这里所说的反向思考就是将改善和恶化的性能进行互换①。

---

① 由于 A→B 不一定能推得, B→A。所以上述的矛盾对不一定成立。这里所说的只是一种思考方式。

(1) 冲突对定义："适应性和多用性"(No35)VS"结构的稳定性"(No13)。
(2) 所得的原理解：No35，No30，No14。其中的No35，No30与上例所得的结果相同，而增加的新原理No14(曲面化)的含义如下。
① 不运用直线或平面部件，而运用曲线或曲面代替。将平面变成球面，将立方体变为球形结构。
② 运用滚筒、球或螺旋结构。
③ 利用离心力将线性运动变成旋转运动。

对于No35、No30希望读者自己给出分析，下面只谈一点对No14的看法。曲面化提示：如果进行开放式的个性化教育，那么它的形式应该是委婉的而不是直白的；而向心力(这里当然不应该理解为离心力)则是保证稳定性的重要手段[①]。

上述的反向思考有时会得出一些非常有趣的答案，读者可以自己设立一些问题，从正反两个方向设置矛盾对并给出尝试性解答。

通过上述两例可以得出这样一些结论。
(1) 对同一问题定义不同的冲突可以得到不同的原理解；为了寻得更为合适的原理解，应该在解题过程中，多分析几对冲突，作多方位的思考。
(2) 矛盾矩阵中所给的原理解并不是都能解决当前问题的，而从原理解转换为领域解需要更多的想象，在有些情况下相同的原理解可以得不出不同的领域解，而不同的原理解也可能得出相同的领域解。
(3) 适时地进行反向思考，即设置反向矛盾将使思路得到有效的扩展。

5.5 物理冲突

物理冲突是TRIZ研究的关键问题之一。相对于技术矛盾，物理矛盾是一种更为突出和不易解决的矛盾。在物理矛盾中同时存在着"或-或"和"与-与"的关系。一方面，物理矛盾是相互排斥的，即同一参数应该处于两种相反的状态状态，"非A即B"；而另一方面，物理矛盾又要求所有相互排斥的双方能够共存，即矛盾的双方同存于一个统一体之中。物理矛盾这种本身的冲突使人们不得不摒弃惯性思维，从物理矛盾相关的各个方面出发进行多方面的思考。物理冲突的一般描述如下。

物理冲突是见于某一子系统中的冲突，其最本质的特征为：①一个子系统的有害功能的降低导致该子系统中有用功能的降低；②一个子系统的有用功能的加强导致该子系统中有害功能的加强。

上述描述之所以称为基本，原因在于该描述说明了物理矛盾与技术矛盾最根本的差别：物理矛盾是单参数的，而技术矛盾则是双参数的。譬如说，"希望树高给人们以荫凉，而又要树低不遮住太阳"就是一个对单一参数提出了双向要求的问题。

根据不同的着眼点，物理矛盾存在下述一些具体形式。
(1) 产生矛盾的参数是通用的工程参数，但不同的设计需求对它提出了不同的要求。如对于建筑物，希望墙体具有更大的强度而希望它具有更大的厚度；但从建造速度和对地

---

① 这里所涉及的只是想法而以，不代表该想法的正确性和有效性。

面的压力而言又不希望墙太厚。

（2）产生矛盾的参数是通用的工程参数，但不同的工况条件对它提出了不同的要求。如要温度达到100℃，又要求它达到200℃；一个工件应该是直的，又应该是弯的。

（3）产生矛盾的参数不是通用的工程参数，不同的工况条件对它有不同的要求。如冰箱门应该是开的，但又不应该是开的等。

由于物理冲突是发生在一个参数的两个方向的，为了便于判断和应用，表5-4对常见的物理冲突进行了分类，即分为：几何类、材料和能量类、功能类三大类，并给出了一些具体实例。

表5-4 常见的物理矛盾

几何类	材料和能量类	功能类
长与短	多于少	喷射与堵塞
对称与非对称	密度大与小	推与拉
平行与交叉	导热率高与低	冷与热
厚与薄	温度高与低	快与慢
圆与非圆	时间长与短	运动与静止
锋利与钝	粘度高与低	强与弱
窄与宽	功率大与小	软与硬
水平与垂直	摩擦系数大与小	成本高与低

解决物理冲突的主要方法是采用各种分离原理，分别为空间分离原理、时间分离原理、基于条件的分离原理和总体与部分的分离原理。其中，空间分离原理和时间分离原理是在解决物理冲突时应该首先考虑的分离原理。

5.5.1 空间分离原理

所谓空间分离原理就是将冲突双方分隔在不同的空间内进行处理，以降低问题的难度。

当关键子系统的冲突双方在空间可以被分隔，即能够保证在某一空间中只出现一方，那么空间分离原理就是可行的。其具体做法是让物体在一空间内表现为一种特性，而在另一空间内物体表现为另一种特性，即实现空间上的分离。

以前面提到的双休日去景区的车辆往往造成道路的堵塞的问题为例，这样来定义冲突：为了出行方便，需要更多的车辆，但太多的车辆造成的道路堵塞又使得出行更为不便。物理矛盾是：希望车辆多，又希望车辆少。

对于这一问题，现在有许多城市采用了换乘点的措施。这是一个典型的、利用空间分离原理解决冲突的例子。管理者设计了两个空间：景区和换乘点。去景区的车辆和游客在空间上实现了分离。

【例5-11】 对于视力不佳的人，应该戴眼镜。现在出现了这样的情况：本来有近视的人，在老年时又有了老花眼，如何解决？同样的问题也存在于本来不近视的人。

解决方法：可以用两副眼镜，看近的时候用近视眼镜，看远的时候用远视眼镜。上述方法是时间分离？不能认可，因为增加了新的子系统，矛盾已不在同一子系统。所以这种添加了新系统的方法，很难将其归于创新，只能是问题的解决，而这种解决方法肯定是一种调和的方法，是缺乏创新意识的。既然如此，如何给出更好的解决方法？

这显然是一个物理矛盾，需要能有助于看近，又希望有助于看远。近与远，一对物理参数上的矛盾。现在的解决方法是所有人都知道的方法，即采用空间分离的方法：将眼镜分成两部分。当人看远时，眼睛向上，上部镜片用于人的远视需求；当人看近，眼睛向下，眼镜的下部用于人的近视需求。

【思考】 现在还有更多的新型眼镜，读者可以自己去发现其中的原理。

【例 5-12】 在链条与链轮发明之前，自行车的脚蹬是直接与车轮相连的。图 5.13 所示为古老的自行车。作为常识，自行车的行进速度等于车轮周长和转速的乘积。在那个时候，人们在骑自行车时碰到了两个物理冲突。

(1) 为了高速行走需要一个直径大的车轮，但这就需要骑行者坐在较高的位置以便蹬车；但为了乘坐舒适，人们需要一个小的车轮。车轮既要大又要小，就形成了物理冲突。

(2) 骑车人既要快蹬脚蹬以提高速度，又要慢蹬以感觉舒适。蹬车的快与慢是另一个物理矛盾。

图 5.13 古老的自行车

为了解决上述两对物理冲突，人们引入了链条和不同的主/从动轮的链轮齿数。

(1) 链条传动实现了运动输入与运动输出间的空间分离：动力输入＝人蹬脚蹬；运动输出＝后轮转动。

(2) 实现了输入转速(人蹬脚蹬)和输出转速(后轮)之间的分离。骑车人蹬动大链轮，链条在空间上将大链轮的运动传递给小链轮，小链轮驱动自行车后轮旋转；其次，大链轮直径大于小链轮，虽然大链轮以较慢的速度旋转，小链轮仍能以较快的速度旋转。因此，骑车人可以较慢的速度驱动脚蹬，而自行车车轮的直径也可较小。

(3) 由于上述分离的实现，变速车的多级变速也成为可能。这就是系统向动态化进化的一种实例。

分离不但使得物理矛盾被顺利地解决，而分离也带来了新的可变性。

【例 5-13】 轮船从船坞下水时需用经过一段水下通道。在下水时轮船通常是放在运输车上由运输车送入水中。由于海水的腐蚀性较高，希望运输车的车轮轮轴不与海水接触，但为了将轮船送入水中，运输车的车轮必须在水以下。如何解决这一问题。

解：将运输车的保护盖做成 5 面封闭的，仅底面是敞开的，当运输车处在水中时，利用空室效应(原理等同于：将一个杯子垂直放入水中，水不会进入杯子)保证了在水下时车轮轮轴不与海水接触。

5.5.2 时间分离原理

所谓时间分离原理就是将冲突双方分隔在不同的时间内进行处理，以降低问题的难度。

当关键子系统的冲突双方在时间上可以被分隔，保证在某一时间只出现一方时，那么时间分离原理就是可行的。即可以让物体在一时间段内现为一种特性，而在另一时间段内物体表现为另一种特性，从而实现对特性相反需求的时间分离。

在应用时间分离原理时，首先要回答如下问题：冲突的需求在整个时间段中，是否都沿着某个方向变化？如在时间段的某一处，冲突的某一方可以不按一个方向变化则可以利用时间分离原理。同样以前面所到的双休日去景区的车辆往往造成道路的堵塞的问题为例。有许多地方是采用时间分离方法的，最有效和常用的时间分离方法是采用单/双号通行。

图 5.14　折叠自行车

【例 5-14】 在搬运自行车时人们希望自行车的尺寸紧凑以便于携带，但在骑行时，太小的自行车是不合适的。希望自行车既便于携带(小)又便于骑行(不太小)的特点，这又是一个物理矛盾。

解： 将自行车做成折叠式的(图 5.14)，以保证自行车在行走时体积较大，而在停放和携带时因折叠而使体积变小。

【例 5-15】 建筑的地基距 3 米地面以下，为矩形孔地基。地基的功能是支撑一重达几吨的装备。但现在的问题：很难找到将装备吊起并放入孔中的起重机，但在地面上水平移动重装备的工具还是可以获得的。如何解决这一问题？

矛盾的描述如下：孔应当是空的，以便用于容纳地基支撑的重装备；孔还应当是实心的，以便能使装备移到孔上，而不会掉进孔里摔坏装备。

用空间分离描述这个问题应该是这样的：一个地方的孔是实心的，以便地基可以支撑设备；而另一个地方的孔是空心的，以使装备可以放入孔中。

用时间分离原理描述该问题应该是这样的：在某一段时间里，孔是实心的，以便装备可以放在地基上；而另一段时间里，孔是空心的，以使装备可以放入孔中。

在这里可以运用时间分离原理，因为将设备移动到孔上与放入孔里可以不是同时发生的。现分析如下。

分析： 当将设备移动到孔上时，孔里必须塞有一个物体；而当将设备放入孔里时，该物体将会消失，或者逐渐地消失。所以这一物质应该有这样的特点：当出现时有足够强度，消失时应逐渐变软。这样的物质有许多，可以是任何能够方便地在固态和液态或气态之间变化的固体，如：固态氦、固体甲醇、干冰(固态 CO_2)、冰、或者它们的混合物。干冰几乎将在任何环境下都可以容易地固态变成气态，但干冰太昂贵，而且相变时间也太长。普通的冰(即冰块)可较好地满足这一要求。普通的水在其固态形式时可以承受重设备，而溶化时将逐步变软，从而自动地将装备放入孔里(可能要在上面做侧向调整)。如有时间要求，在溶解过程还可通过外部加热而加速。

上述解决方法，在著名的永乐大钟(图 5.15)的安放中已经被使用，中国古代聪明的工匠们采用了先安钟后建殿的方法。他们在安放大钟的地方造了一个土坡，先将钟放在了上面，而当造好大殿挂好钟后，才撤走了土墩。

5.5.3 基于条件的分离

所谓基于条件的分离原理就是通过设置不同的条件使冲突双方实现分离，以降低解决问题的难度。

如果关键子系统冲突双方在某一条件下只出现一方时，即物质在某种特定的条件下表现为一种特性，在另一种条件下表现为另一种特性，则基于条件的分离原理是可以被应用的。在使用条件分离原理时，首先要回答如下问题：冲突的需求在所有条件下，是否都沿着同一方向变化，如回答是否定的就可以利用条件分离原理。

图 5.15　永乐大钟

📖【例 5-16】 还是用前面曾经提到过的眼镜的问题。人在强光下希望眼镜具有一定的遮光作用（太阳镜），但在较暗的情况下又需要它是完全透光的。这当然是一个物理矛盾，而变色镜很好地解决了这一问题：在不同的条件下，表现出不同的透光率（这种透光率是动态的，是可以按光强动态变化的，这就是动态原理的应用）。

图 5.16 给出了几种眼镜的图例，如果读者注意观察，肯定可以发现更多有新意的、体现了某种发明原理的眼镜。对此作为练习留给读者自己完成。

(a) 变色镜　　　　　　　　(b) 液体可调焦眼镜　　　　　　　　(c) 眼镜夹片

图 5.16　几种眼镜图例

📖【例 5-17】 在寒冷的冬天，在输水管路中的水容易结冰。由于水在结冰时将出现体积增加，由可能产生管路被冻裂问题。如何解决这一问题？

上述问题可以定义为一个物理矛盾：为了保证管道能对水有需要的约束力，管道应该具有一定的刚度，而为了适应水在结冰后产生的体积膨胀，管道又需要没有刚度。综合考虑上述因素，采用弹塑性好的材料制造的管路就可解决该问题。

本例利用的条件是：用弹塑性好的材料可以根据不同的条件自动变化直径，即直径不是唯一的。

📖【例 5-18】 水在相对速度较高时，是硬物质；而在相对速度较低时，就是软物质。考虑水与跳水运动员所组成的系统中，水既应该是硬物质，以支持跳水运动员不至于与池底相碰；它又应该是软物质，以避免运动员承受太大的冲击力。为了解决这一问题，可以在游泳池的水中打入气泡，让水变得更"柔软"一些。

本例利用的条件是：水并不一定就是硬物质，添加气泡就可变软。而对本例的应用作反向思考则是柔软的水可以是硬物质，由 Norman Franz 博士发明的水切割（图 5.17），又称水刀切割，就是一种利用高压水流切割的机器。它可以在电脑的控制下任意雕琢工件，而且受材料质地影响小，具有成本低，易操作，良品率高等众多优点。

图 5.17　水切割机

【例 5-19】　在举世闻名的都江堰水利工程的内金刚堤和离堆之间修有飞沙堰（图 5.18），在飞沙堰前面有一道转弯。少水期间，水流缓慢，岷江水中泥沙少，飞沙堰只起导流作用；而在洪水期间，当水经过飞沙堰前面的转弯时将自动产生旋涡，利用旋涡产生的离心力，将部分的泥沙分离出来，并允许洪水流入外江。

图 5.18　都江堰飞沙堰

本例利用的条件是：水以不同流速通过弯道时将产生不同的效应。

【例 5-20】　为减少振动，在汽车悬挂装置设有阻尼器图 5.19。不希望阻尼太大（太硬）也不希望阻尼太小（太软），这是一个物理矛盾。现高档车中通常采用主动悬挂系统，利用调节磁场强度调节阻尼器中磁流变流体的阻尼。

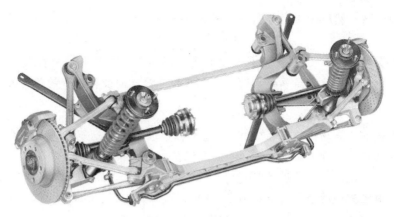

图 5.19　汽车悬挂系统

本例利用的条件是：磁流变流体的粘度可随磁场强度而变。

5.5.4　总体与部分的分离

所谓总体与部分的分离原理是将冲突双方在不同的层次分离，以降低解决问题的难度。

当冲突双方在关键子系统层次中只出现一方，而该方在子系统、系统或超系统层次内不出现时，总体与部分的分离是可能的。

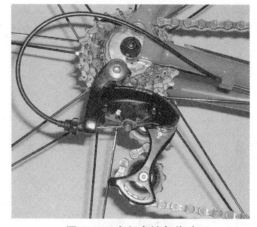

图 5.20　自行车链条传动

📖【例 5-21】 自行车链条需要柔性以保证它可以顺利地绕于链轮之上（图 5.20），它又应该是刚性的，以使它可以传递更大的力并能保证平均传动比是定值。

解决方法：将链条做成各节可以相对运动的组合体，使得链条在微观层面（单节）上是刚性的，而在宏观（整要链条）上却是柔性的。同时满足了两者的要求。

📖【例 5-22】 自动装配生产线与零部件供应的批量之间存在冲突。自动生产线要求零部件连续供应，但零部件从自身的加工车间或供应商到装配车间时要求批量运输。

解决方法：采用专用转换装置接受批量零部件，然后连续地将零部件输送给自动装配生产线。

5.6　技术矛盾与物理矛盾的关系

技术矛盾虽然是两种完全不同的矛盾，但却存在着许多的联系。

5.6.1　技术矛盾向物理矛盾的转换

技术矛盾和物理矛盾是可以相互转换的。许多技术矛盾在经过分解和细化后最终都可以转化为物理矛盾,然后用 4 个分离原理来解决问题。下面用几个例子说明这种转换方法的可能性。

【例 5-23】 要设计一个杯子,使得该杯子可以携带方便又有较大的盛水量。

技术矛盾的定义应该是简单的:增加了容器的存储空间使得携带的便利性变差了。

1. 定义一

改善的参数:运动物体的体积(No7)。这里将参数定义为运动的,其主要原因是因为只有在杯子运动时才更有可能出现对体积的要求。

恶化的参数:适应性或多用性(No35)

人们可以由些查出两个原理解,动态性(No15),液压或气压系统(No29)。

2. 定义二

当然我们也可以作反向的思考

改善的参数:适应性和通用性(No35)。

恶化的参数:运动物体的体积(No7)。

人们可以由些查出两个原理解,动态性(No15),参数变化(No35)液压或气压系统(No29)。

注:在笔者的印象中,已存在根据上述几种原理给出的专利了。

图 5.21 伸缩杯

显然,上述技术矛盾很容易被转换为物理矛盾:①为了携带方便,需要杯子有较小的体积;②为了有更大的容积,希望杯子有较大的体积。

既需要杯子具有大的体积,又需要它具有小的体积,这就是物理矛盾。可以采用时间分离原理解决这一问题:如携带时是小体积的,拿出时可以拉大;也可以采用条件分离原理解决这一问题:如无水是小体积的,盛水时自动变大。图 5.21 所示为伸缩杯。

【例 5-24】 下面给出几个技术矛盾和物理矛盾之间转换的例子。

1. 车辆和道路

(1) 技术矛盾:车辆增加提供了行车便利,但加重了道路拥堵。

(2) 物理矛盾:希望车辆增加以提供行车便利,但车辆太多道路发生拥堵。

2. 手提电脑的屏幕

(1) 技术矛盾:屏幕大使得观看方便,但携带不便。

(2) 物理矛盾:希望屏幕大使得观看方便,但又不希望屏幕大使得携带不便。

这样的例子可以举出很多,因为目的只是为了说明技术矛盾向物理矛盾转换的可能性,所以就不再多述了。由于在一般情况下,物理矛盾更能够反映事物的本质,而且两者的解决方法都是采用发明原理,所以很少将物理矛盾转换为技术矛盾。

5.6.2 分离原理与创新原理的对应

物理矛盾的具体解决所依据的还是 TRIZ 的 40 条发明原理，表 5-5 给出了物理冲突的分离原理和 40 条创新原理之间的对应关系。

表 5-5 物理冲突的分离原理与 40 个创新原理的对应关系

	分离原理	发明原理号
物理矛盾	空间分离	1、2、3、4、7、13、17、34、26、30
	时间分离	9、10、11、15、16、18、19、20、21、29、34、37
	条件分离	1、5、6、7、8、13、14、22、23、25、27、33、35
	整体与部分分离	12、28、31、32、35、36、38、39、40

从表 5-5 中可以看出，同一条发明原理可以出现在不同的分离原理中。下面将对有关发明原理在分离原理中的应用作一提示性的说明。

1. 空间分离原理对应的发明原理

与空间分离相对应的发明原理包括分割、抽取、局部性能、不对称性、嵌套、反向思维、多维性、中介物、复制、柔性外壳或薄膜。

(1) 分割。该原理提示可以将物体分成不同的部分以实现空间分离，如多格的快餐盒可以实现对于菜肴同时需要干/湿的要求。

(2) 抽取。可以抽取系统的部分性质并将其体现在不同的空间。如为了减少空调机噪声，发明了分体空调(抽取了噪声)。

(3) 局部性能。可以在同一物体的不同部分体现不同的性能。

(4) 不对称性。可以用同一物体不同部分的不同形状实现功能分离。

(5) 嵌套。可以通过嵌套使两相反功能分离。

(6) 反向。可以改变物体在空间布置的相对位置实现分离。

(7) 多维性。可以增加维数以在不同维数上实现分离。

(8) 中介物。可以利用中介物而使两物不发生直接接触。

(9) 复制。可以通过复制将功能所需的工作移至不同空间完成。如要对加工过程中的调整量进行确定。但又不能同时实现，可以将加工信息传输(复制)至另一空间，经处理后再加以应用。

(10) 柔性外壳或薄膜。可以在两物体间引入柔性外壳或薄膜实现物质的空间分离。

2. 时间分离原理对应的发明原理

与时间分离原理相对应的发明原理包括预加反作用、预操作、预先防范、动态化、未达或超过作用、机械振动、周期性动作、连续性工作、快速动作、气压或液压结构、抛弃与恢复、热膨胀。

(1) 预加反作用、预先作用、预先防范。可以将部分工作预先安排。

(2) 动态化。可以使物体在不同时间具有不同的特性。

(3) 未达成超过作用。功能的实现可以分步完成。

(4) 机械振动、周期性动作、连续性工作、快速动作。可以通过合理的作用时间安排实现时间分离。

(5) 气动或液压结构。可以利用气动或液压结构的易控性实现功能切换。

(6) 抛弃与恢复。可以规定功能块的作用期(有效期)以实现时间分离。

(7) 热膨胀。可以使物体在不同的时间具有不同的尺度。

3. 条件分离原理对应的发明原理

与条件分离相对应的发明原理包括分割、组合、多用性、嵌套、重量补偿、反向、曲面化、变害为利、反馈、自服务、廉价替代品、同质性、物理或化学参数改变。

(1) 分割。根据条件进行功能分割。

(2) 组合。根据条件进行功能组合。

(3) 多用性。在不同的条件下给出不同的功能。

(4) 嵌套。通过嵌套给出不同的条件。

(5) 重量补偿。根据不同的条件选择是否重量补偿。

(6) 反向思维。颠倒结果与原因作反向思考,以实现条件分离。

(7) 曲面化。可以利用不同条件时曲面所起的不同作用。

(8) 变害为利。同一物质在不同条件下可以是有害的也可能是有利的。

(9) 自服务、反馈。可以设计系统使其自动地根据条件作出自适应服务。也可以根据信息反馈加以功能修正。

(10) 低成本替代。根据不同的使用条件选择不同的物质。

(11) 同质性。根据使用条件选择同质性材料。

(12) 物理或化学参数改变。根据不同的条件采用不同的物、化参数。

4. 整体与部分分离原理对应的发明原理

整体与部分分离相对应的发明原理包括等势、机械系统替代、多孔材料、改变颜色、物理或化学参数改变、强氧化剂、惰性或真空环境、复合材料。

(1) 等势性。可以在系统的局部利用等势性。

(2) 机械系统替代。可以将部分功能改由非机械方式实现。

(3) 改变颜色。可以用不同的颜色加以区分。

(4) 物理或化学参数改变。可以通过局部参数改变实现分离。

(5) 强氧化剂、惰性或真空环境。利用部分环境与总体环境的不一致性。

(6) 多孔材料、复合材料。利用材料的部分性能与总体性能的不一致性。

习题及思考题

1. 什么是技术矛盾?什么是物理矛盾?TRIZ 的矛盾矩阵解决的是什么类型的矛盾?分离原理解决的是什么类型的矛盾?

2. 技术矛盾和物理矛盾两者之间是否可以相互转换?如何转换?举一个例子加以说明。

3. 寻找日常生活中存在的一个问题,分别进行技术矛盾和物理矛盾的定义,在获得原理的基础上，给出具体的解决方法。

4. 有人想在自己的房间内跑 1500 米，但绕着房间跑太没意思了，有什么解决方法？请给出详细的分析过程。

5. 表述"整体和局部分离原理"的含义，然后给出一个该原理的具体应用实例。

6. 表述"条件分离原理"的含义，然后给出一个该原理的具体应用实例。

7. 分别根据下面所列的物理矛盾：①"既要求重，又要求轻"；②"既要求大，又要求小"；③"既要求热，又要求冷"；④"既要求高，又要求低"；⑤"既要求强度高，又要求强度低"；⑥"既要求能导热，又要求不导热"，给出一个工程或生活中的实例。并据此给出用分离原理进行解决的设想。提示：物理矛盾并不限于上列的几个，可以根据自己的关注点，选择其他的物理矛盾。

8. 你在生活中碰到过难以解决的问题吗？如有，请选择其中的某一个问题，分别进行问题的技术矛盾或物理矛盾的定义，并通过矛盾矩阵获得原理解，在此基础上给出你的思考路线和具体的解决方法。

第 6 章
技术系统的进化模式

6.1 概　述

图 6.1　达尔文

不管人们是否愿意，是否有所意识，宇宙中的万物总是在不断地变化之中的，这种变化在某些情况下也被称之为进化。当变化被称为进化时，也就隐含了其中存在的某种规律性，对这种规律性的揭示不但可以丰富知识，同时也能开阔人们的思路。大家熟知的达尔文(图 6.1)的生物进化论包含了 4 个子学说：一般进化论、共同祖先学说、自然选择学说和渐变论，这些学说在揭示生物进化过程、揭示生物进化所遵循的规律的同时，也给了人们认识事物的另一个窗口和思考点。

当今社会正以比以往任何时候变化更快的速度变化着，而技术创新正是推动这种变化的直接动力。技术发展史的研究表明，技术处于不断的进化之中，而这种进化是有规律的，是可以被预测的。

对技术预测的研究起始于半个多世纪以前，最初应用于军工方面，后来又应用于民品的开发。在这期间，理论界提出了多种技术预测的方法，TRIZ 的技术系统进化模式(Technology System Forecasting)是最为有效的预测方法之一。

6.1.1　TRIZ 进化模式体系的几种表述

技术系统进化模式是指技术系统在发展过程中所呈现出的复杂进化趋势。随着 TRIZ 理论的发展，不同的研究者提出了不同的进化模式体系。

1. TRIZ 进化模式体系 I

(1) 系统向理想化方向进化(进化模式 I-1)。技术系统的进化都是向着更为理想化的方向发展的,也就是向着增加理想度的方向进行的。

(2) 向增加系统的动态性方向进化(进化模式Ⅰ-2)。技术系统的进化总是向着具有更高的可变性和柔性方向发展,以适应不断变化的环境和满足多种需求。

(3) 向增加系统分割的方向进化(进化模式Ⅰ-3)。技术系统的进化可以通过系统分割来实现。

(4) 向增加空间分割的方向进化(进化模式Ⅰ-4)。技术系统的进化可以通过对系统进行空间分割来实现。

(5) 向增加表面分割的方向进化(进化模式Ⅰ-5)。技术系统的进化可以通过对系统进行表面分割来实现。

(6) 向增加可控性方向进化(进化模式Ⅰ-6)。技术系统的进化总是向着具有更高的系统可控性方向发展,以适应不断变化的环境和满足多需求。

(7) 向超系统方向进化(进化模式7)。技术系统的进化可以是先使系统的复杂性增加而后向减少系统的复杂性的方向进化。

(8) 向增加几何体复杂性的方向进化(进化模式Ⅰ-8)。在技术系统的进化过程中,系统组成元件的几何形状有复杂化的趋势。

(9) 向能量转换路径最短的方向进化(进化模式Ⅰ-9)。在技术系统的进化过程中,系统总是趋向于使能量传递的路线越来越短。

(10) 向增加系统动作协调性的方向进化(进化模式Ⅰ-10)。在技术系统的进化过程中,系统各部分的动作将趋向于协调。

(11) 向增加系统节奏和谐性的方向进化法则(进化模式Ⅰ-11)。在技术系统的进化过程中,系统各部分的动作节奏将趋于和谐。

上述进化体系由 Darrell 提出,由于该进化模式体系考虑了产品设计的结构问题,所以从产品开发角度考虑,比较易于操作使用。

2. TRIZ 进化模式体系Ⅱ

(1) S曲线法则(进化模式Ⅱ-1)。S曲线进化模式是最一般的进化模式,它指出技术系统的进化过程存在着生命周期,所有技术系统均将经历出生、成长、成熟、退出阶段。

(2) 增加理想化水平法则(进化模式Ⅱ-2)。该模式指出,由于每一系统所完成的功能在产生有用效应的同时都会不可避免地产生有害效应。所有技术系统的进化都是向着更为理想化的方向发展的,也就是向着增加理想度的方向进行的。

(3) 系统元件的不均衡发展法则(进化模式Ⅱ-3)。系统的每一个组成元件和每个子系统都有自身的S曲线。不同系统的元件/子系统都沿自己的进化模式演变,所以在技术系统中各子系统的发展是不均衡的,即始终存在短板的问题。

(4) 增加系统的动态性和可控性法则(进化模式Ⅱ-4)。在系统的进化中,技术系统总是企图达到更高的可变性和柔性并增加可控性,以适应不断变化的环境和满足更多需求,实现进化目的。

(5) 增加集成度再进行简化(或称为向超系统进化)法则(进化模式Ⅱ-5)。技术系统总是首先趋向于结构复杂化(增加系统元件的数量,提高系统功能的特性),然后逐渐精简(用一个结构稍简单的系统实现同样的功能或更好的功能)。

(6) 增加系统的协调性法则（进化模式Ⅱ-6）。该模式指出，在技术系统的进化过程中系统元件的匹配和不匹配交替出现，技术系统的发展应该使各子系统更为协调和和谐，但在某些场合向不协调的进化也是可能和可行的。

(7) 由宏观系统向微观系统进化法则（进化模式Ⅱ-7）。技术系统总是趋向于从宏观系统向微观系统进化，更好地应用和强化场作用是该法则中经常应用的。

(8) 向自动化进化法则（进化模式Ⅱ-8）。技术系统总是趋向于提高系统的自动化程度，减少人的介入。

(9) 系统的分割法则（进化模式Ⅱ-9）。在进化过程中，技术系统总是通过各种形式的分割实现改进。一个分割的系统会具有更高的可调性，灵活性，有效性。分割可以在元件之间建立新的相互关系，因此系统的资源可以得到改进。

(10) 系统进化从改善物质的结构入手（进化模式Ⅱ-10）。在进化过程中，技术系统总是通过材料（物质）结构的发展来改进系统。

(11) 系统元件的一般化处理（进化模式Ⅱ-11）。在进化过程中，技术系统总是趋向于具备更强的通用性和多功能性。

除上述进化模式以外，还有另外一些不同模式体系的提法。各种模式中有些是相互吻合的，有些则可以看成是对某些模式的分解或组合，这里就不一一阐述了。后面的介绍将以第二类模式体系展开，并且主要针对前8种模式①。

6.1.2 TRIZ 进化模式的功用分类

虽然 TRIZ 的任何一种进化模式都是对系统变化规律的反映，但仔细分析后却可以发现它们各自的内涵存在着某种本质性的差异：各种进化模式所反映的进化层次是不同的。

(1) 必然性进化法则。在 TRIZ 的进化模式中，有一些进化模式更偏向于对系统变化过程中最本质性特点的揭示。也就是说，系统的进化必然遵循这些法则，这是不以人们的意志为转移的，我们将这些规则称之为系统的必然性进化规则。如：①S曲线模式指出任何系统必然存在退出的阶段；②提高理想化法则指出如要系统能够被接受，其理想化程度必须提高，如不能再提高，则面临退出的命运；③子系统不均衡性法则指出的在系统内部各子系统的发展必有先后。

(2) 或然性进化法则。不同与必然性进化模式，在 TRIZ 进化模式中的另一些进化模式则更偏向于技术性的（或称为战术性），是用于指导人们进行具体操作的，如增加动态和可控性法则、向超系统进化法则、增加子系统协调性法则、微观化和场应用法则和减少人工介入法则等。这些法则对具体的问题而言并不存在唯一性，人们可以根据具体情况选择其中的某一个。以机械加工中的机床为例，增强系统柔性的数控机床是进化的合理体现，而减少人工参与的专用机床（可变性极差）也并不是不可考虑的进化方向。

对于偏向于操作性的进化规律，可以用以下几个词进行概括。

1. "分"与"合"

中国有句针对社会变化的名言，称之为"分久必合，合久必分"，而这一点对于技术

---

① 有些文献就称之为 TRIZ 的八大进化法则

系统的进化也有其可用性。譬如说：①增加集成度再进行简化法则(进化模式Ⅱ-5)是以合为先、简化为关键的进化法则；②由宏观系统向微观系统进化法则(进化模式Ⅱ-7)是进一步细分的进化法则；③系统的分割法则(进化模式Ⅱ-9)是功能分割的进化法则。

参考第Ⅰ类进化模式体系，则会发现更多"分"与"合"。如向增加系统分割的方向进化(进化模式Ⅰ-3)；向增加空间分割的方向进化(进化模式Ⅰ-4)；向增加表面分割的方向进化(进化模式Ⅰ-5)；而向增加几何体复杂性的方向进化(进化模式Ⅰ-8)则是"合"的体现。

2. "变"与"谐"

"变"可理解为"可变"，"善变"；而"谐"也有两个方面：变得更谐调或变得不谐调。

(1) 增加系统的动态性和可控性法则(进化模式Ⅱ-4)是使系统更具有可变性使其可以更好地与需求谐调，可控性的提高则是"谐调"得以实现的保证。

(2) 增加系统的协调性法则(进化模式Ⅱ-6)是"谐"与"不谐"的矛盾统一。

(3) 向自动化进化法则(进化模式Ⅱ-8)是人与系统的和谐，因为人工介入越少，人与系统协调的可能性和难度就越小，该法则也可以被称作系统的自协调。

(4) 系统进化从改善物质的结构入手(进化模式Ⅱ-10)使物质与系统协调。

(5) 系统元件的一般化处理(进化模式Ⅱ-11)是为了减少协调的内容和工作量。

由此可以发现，在TRIZ所提出的进化规律中，"对立统一、质量互变、否定之否定"这辨证法中的三大规律得到了充分的体现。对立统一规律是唯物辩证法的实质和核心，也是所有事物包括技术系统发展、创新的动力和源泉，在TRIZ的其他工具中，这种思想也是无处不在的。用哲学的思想去思考创新问题可能是Altshuller给我们的最大的启示。

6.2 S曲线进化和技术成熟度分析

如前所述，向着理想化方向发展是技术系统进化的本质。要实现理想化，就是要使系统的有用功能(包括功能增加和性能改善)得到加强，而成本、损耗等有害功能不再增加或尽量少作增加。为此，有几点问题是需要注意的。

(1) 只要整体技术水平在不断地提高，那么增强系统的功能总是可能的。也就是说只要技术水平提高，要增加有用功能总是可能的。

(2) 有用功能的增加并不一定能够提高产品的竞争力。在增强有用功能时必须注意这样一个问题：在系统所处的不同阶段，同样的功能增强幅度所需要付出的代价和成本是不相同的。当企业和生产者准备为增强功能而加大投入，然后将因为投入增加而产生的有害因素(如价格上升，使用成本增加，资源消耗增加)等转嫁到社会和使用者头上时，必须考虑该系统所获得的功能增强能否补偿有害因素的增强。如果不能补偿，那么系统的理想度必然下降，系统的竞争能力也必然下降。

需要指出的是，当我们试图增强系统的某个功能时，并没有严格地限制"有害因素不能增加"，所限制的只是"必须保证理想度增加"。这实际上是一种博弈，一种在社会的各个方面都经常出现的博弈。为了使这种博弈更有成算，就需要对系统当前所处的进化位置作出明确的判断，并据此给出系统改进的方向（进化方向）和具体的实现方法，这其中也包括了完全放弃现有的系统，另辟蹊径。而真正地理解 S 曲线进化模式将对明确上述问题有着重要的作用。

6.2.1　技术系统进化的 S 曲线

作为最基本和一般化的进化模式，S 曲线进化模式指出：所有技术系统的进化必然经历出生、成长、成熟、退出的生命周期。

图 6.2(a)给出了以时间为横轴，性能为纵轴，技术系统进化的典型 S 曲线。从图中可以看出，当系统处于婴儿期时，性能的增强比较缓慢；而当系统进入生长期后，性能将快速地增强；而当系统进入成熟期后，性能的变化又转缓；而在进入退出期后，系统的性能不但不增，反而有所下降。TRIZ 的 S 曲线有一个最大的优点：各阶段有明显的拐点，很容易判断系统所处的阶段。

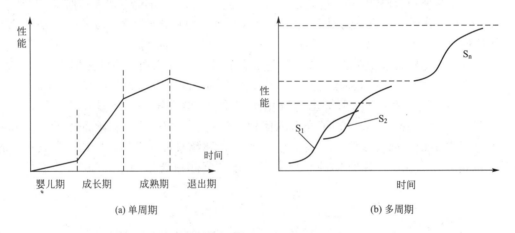

图 6.2　技术系统进化典型的 S 曲线

系统进化的 S 曲线有其必然的存在理由，现简述如下。

(1) 婴儿期。在系统处于婴儿期时，由于新系统刚刚出现，各种问题和矛盾众多，特别是一些关键性的矛盾没有得到解决，系统性能难以得到本质性的提高；另一方面，由于婴儿期产品创造的利润很少，在许多情况下利润甚至是负值。这一事实，影响了企业的投资信心和投资强度；但如果有企业具有足够的投资信心和强度，具有足够的前瞻性，以更多的投入使系统性能快速改善，则必将在市场中占有先机。

(2) 成长期。由于关键性矛盾被解决，系统性能开始快速增加，由于利润回报也同时快速增加，企业的投资信心和力度也大有增加，进一步促进了系统性能的增加。

(3) 成熟期。在成熟期，各类重要的矛盾已基本被解决，更多的工作是小范围内的性能改善。系统的性能上升变缓，也就是说如果不对系统作重大变动，系统的性能已趋于极限状态。有理性的、有前瞻性的企业在这一阶段就应该开始进行新品开发的准备了。"用成熟期的利润养婴儿期的投入"，微软公司在软件开发上的成功，很大程度上得益于这一点。

(4) 退出期。可能是竞争加剧，也可能是已有了其他的替代品。企业的利润下降，对产品不再有投入,设备老旧、用料变差等现象也开始出现,系统性能不再增加,而且会出现下降现象。

图 6.2(b)所示为技术系统进化过程中典型的多周期 S 曲线。在系统性能改善的过程中,由于思维惯性的存在,人们通常会将研究重点集中在某一子系统。理由很简单:①因为对这一子系统很熟悉,容易上手,也容易取得成果;②新的研究方向需要新的、较大的投入等,人们很难下决心从新的角度开始新的研究。所以在很多情况下,系统性能的变化首先走的是以某一子系统(当然也可能是同时几个子系统)的进化为基础的 S 型曲线。如前所述,子系统的进化也符合 S 曲线规则,所以在这段时间,子系统的 S 曲线确定了系统的 S 曲线的走向。

不过显而易见的问题是:当系统从婴儿期走向退出期时,除非允许该系统完全地消失,系统进一步的改进是必须的。根据系统元件(子系统)的不均衡发展法则,发现系统中的"短板",在不懈的研究后有可能在另一子系统上获得突破性的发展,系统又将以另一 S 曲线发展。这就是所谓的"螺旋式上升,波浪式前进"。多周期 S 曲线是系统元件的不均衡发展法则最好的诠释。

【例 6-1】 在飞机的发展前期,人们为了提高飞机的飞行速度,总是试图增加飞机发动机的功率,由于受各种条件的限制,在一段时间后,依靠功率增加实现提速的努力几近极限;此时,人们发现限制飞机速度的因素并不仅仅是发动机的功率,飞机的外形的影响也是至关重要的。人们又开始致力与飞机外形研究。各种风洞实验的出现,使飞机的速度提升又上了一个台阶。图 6.3 所示为黑鸟 SR-71 侦察机。

图 6.3　速度可达 3.5 马赫的黑鸟 SR-71 侦察机

6.2.2　技术系统的成熟度预测

确定产品在 S 曲线上的位置是 TRIZ 技术进化理论的重要的研究内容,称为产品的技术成熟度预测。产品技术成熟度的成功预测对帮助企业和设计人员把握市场和产品的发展趋势,使产品实现跨越式发展,对保证产品和企业获得更强的竞争力具有重要的作用。

TRIZ 技术进化理论采用"时间与产品性能"、"时间与产品利润"、"时间与产品专利数"、"时间与专利级别"4组曲线(图6.4),综合评价产品的发展规律和在进化过程中所处的位置。

由图6.4中可以看出如下几个规律。

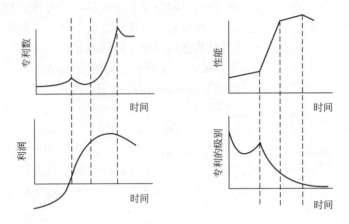

图 6.4 技术成熟度预测曲线

(1) 时间—专利数曲线。在开始阶段,与产品相关的专利数很少,而在进入成长期时出现了一个拐点。专利数在生长期达到最小值,而进入成熟期后,专利数大幅度上升,在进入退出期时专利数出现了又一个拐点。分析原因有以下几点:首先,进入成长期的前提是有重大的问题得到了解决,而在成长期的关键是使产品系统尽快成型,专利数变少也就不奇怪了;但在成熟期,由于产品适用面的广度增加,为了响应各种要求(差异并不大),需要对产品作大量的、却并非十分重要的修正,如外形、颜色等,专利数大幅度上升;而在退出期,利润开始下降,企业进一步加大投入已无什么回报,所以专利数也就下降了。

(2) 时间—专利级别曲线。虽然同样是与专利相关的曲线,但数量曲线和级别曲线却有着明显的差别。在开始阶段,与产品相关的专利数少但级别很高;而当进入成长期后,专利级别则一路下滑。原因很简单:在进入成长期后已无重大的发明问题需要解决了,此时如又有重大问题得到解决,系统将走另一条S曲线(产品进化的多周期)。

(3) 时间—利润曲线。该曲线表明:在婴儿期,产品的利润通常为负值,而在进入成长期后,利润一路上升。而在退出期,利润又开始下降。

技术成熟度预测曲线很好地描述了产品发展时技术和经济的指标,如能收集到产品的有关参数,绘出上述4条曲线,通过曲线的形状就可以判断产品在S曲线上所处的位置和成熟度,并根据预测结果采取相应的措施。下面对曲线绘制时的一些问题作简要的说明。

(1) 性能曲线的绘制

要选择对产品有重要影响的性能参数,如对电动机,可以确定为效率、功率和尺寸的比值、电磁辐射等;对于滚筒式纺纱机可以确定为滚子的转速;等等。在性能指标项目的选择中需要考虑以下几个问题:首先,所选定的指标应该是有代表性的,即能够表明该产品主要性能的;其次,在有多个指标时可以采用加权的方法,也可以根据市场调查选择市场最为预期的某个性能目标。

(2) 时间—专利数量曲线的绘制

通过查阅所有的专利文献，获取国内外的专利数量分布关系。在互联网发达的今天，获取专利并不难，难点在于如何选择查询时所用的主题词，也就是说如何确定哪方面的内容应该包含在查询范围之内。这需要有相关的专业知识和一定的发散性思维，如对于超声波焊接机的相关专利可以查询：超声波焊接、超声波结合、超声波连接，或更为广泛的方面。

在专利查询后，可以根据技术的发展历史，确定时间段，此时就可以进行曲线绘制了。

(3) 时间—专利级别曲线的绘制

相对于时间—专利数量曲线的绘制，时间—专利级别曲线绘制的难度更大一些，需要的判断力也更强。专利的级别可以根据 TRIZ 提出的发明等级确定，其难度在于如何进行准确的定级。

(4) 时间—利润曲线的绘制

因为在一般情况下，某类产品不可能只有一家企业生产，所以利润曲线应该是行业的利润曲线。由于企业间的相互保密，利润信息通常很难获得，在这种情况下，可以用较容易获得的其他数据代替，如销售额。

根据前面对 4 条曲线绘制的说明，要获得正确的曲线是有难度的。但由于技术成熟度预测曲线中的 4 条曲线是相互关联的，所以当我们发现曲线之间存在不吻合的情况时，可以进一步地对有关数据进行整理和调整，使曲线的绘制更接近于真实。虽然获得技术成熟度预测曲线需要大量的人力和物力，但它对产品发展和更新换代的重要性是不言而喻的，有时花几百万获得产品预测和可以采用的进化模式都是值得的。

6.3 系统进化的战术性规则

为保证系统始终向着理想化方向进展并具有足够的竞争力，除利于 S 曲线法则明确当前的任务、根据系统元件的不均衡发展法则寻求系统的短板以外，具体的、战术性的思考也是必不可少的，而增加系统的动态性和可控性、采用增加集成度再进行简化等都是应该考虑的进化方向。在实际操作时，上述的每一种进化方向都可以演变出多种更为具体的进化路线。

对于同一个产品，其进化路径并不是唯一的，所以在合适的时刻选择合适的进化路径就显得非常重要。当系统处于需要进化的节点处时，不唯一的进化路径将给我们的选择带来很大的困难。在许多情况下，当时的社会、物质、资金、人事都会影响设计者对产品进化路线的选择。从一般性的观点来看，只要系统的理想度在不断地提高，就很难说所选择的进化路线是否正确。但是，产品的进化节点就像人生的十字路口，虽然对产品而言存在着回到节点重新再来的理论可能，但事实上是不太可能的。对于机械产品的进展而言，"难以回头"的特点则更为明显。

📖【例 6-2】 在数十年前机械产品中有许多是采用英制标准的。为提高产品的互换性差。根据 ISO 标准（向系统元件一般化进化），所有零件和产品都应该采用公制（米制）标准，这一进程进行了漫长的几十年，但到目前为止英、美的有些产品还是采用着英制标准。

【例6-3】 从原先的三角齿形、矩形齿形到当前普遍应用的渐开线齿形,齿轮传动系统已然实现了进化。但如果现在要对齿轮的齿形进行改变,阻力就太大了,因为没有特殊的理由,我们不可能抛弃这么多专用于齿轮加工的各类机床。

所以,在系统处于进化节点时,更多的理想度的判别,更全面地考虑各种影响因素和可能产生的后果是十分必要的。在许多情况下,所选择的进化路线是否正确,并不是当前就可以确定的,是需要历史的评判。

6.3.1 动态性进化法则

系统动态性进化的主要目标是增加系统的柔性,即增加系统的自由度。一般而言,系统自由度的增加将使得系统的可变性,以及系统与环境和需求更好切合的可能性得到增加。系统的动态性进化通常是和系统的可控性联系在一起的,而在这一点上,存在着产生歧义的可能性。下面对此作一简单的解释。

系统的可控性存在着两方面的含义:①系统更容易被改变以获得所需要的动作和形状等;②系统控制的简单程度。关于动态化对前者的影响在前面已有定论;而对于后者,在一般情况下的事实是:系统动态性的增加将使得系统控制的难度和复杂性增加。举一个简单的例子:一方面当我们在机械传动中采用了伺服控制后,系统的可变性增加了,更能够适应更多不同的传动需求了,但是实现这一控制的复杂性显然比直接的齿轮传动要高得多。另一方面,由于在实际工作中误差是不可能避免的,如果一个系统需要控制的量过多,多个控制误差的存在将严重影响总体的最终精度,控制难度大幅度提高。

系统的动态性进化体现了人们需求多样性的理想,体现了人们寻求对世界进行合乎自身目标的控制的希望。系统的动态化转变的大致进程如图6.5所示。即从原先的刚体向单铰链、多铰链、柔性性、液(气)体、场方向发展。如希望选择动态化的进化路线,则可以在判断当前产品所处节点的基础上参考上述进程。表6-1给出了几种产品的动态化进化途径。

图6.5 系统动态化程度提高的基本进程

表6-1 产品的动态化进化示例

技术名称	产品进化路径				
印刷技术	活字打印	点阵打印	喷墨打印	离子打印	激光打印

(续)

技术名称	产品进化路径
支承技术	球支承轴承　双排球支承轴承　微球支承轴承　气体支承轴承　磁悬浮轴承
切割技术	锯条　砂轮片　高压水射流　等离子体　激光
车辆底盘	双排轮　多排轮　连续覆带　气垫　磁悬浮

1. 增加系统动态性的常用方法

要增加系统的动态性，其基本方法是增加系统中可动（可变）元件的数量，其中元件的可动性可以是暂时的，也可以是永久的。下面给出几个示例。

(1) 使系统的局部处于暂时的不稳定状态。稳定的系统通常意味着改变难度的增加，为了增加系统的动态性可以使系统的局部或整体处于暂时的不稳定状态。

【例 6-4】 为了保持车辆在行驶时的稳定平衡状态，比较简便的实现方法是在车辆设计时选择三轮以上的支持。但轮子越少则灵活性越强，譬如两轮的自行车远比三轮车的灵活性强。为了提高车辆的灵活性（动态性），可以暂时放弃其稳定性。图 6.6 给出了一种两轮车的图片。在车辆行驶过程中，利用惯性和自动/手动操控实现既保证稳定性，又保证其灵活性的目的。

(2) 将固定元件变为可动元件或引入可动元件。为了增加系统的动态性，可以采用将固定件改为可动元件的方式，从而使系统更容易被变动以适应多种的需要。如有一种埋于地下的垃圾箱，在需要清理垃圾时，垃圾箱可以移至地面；为了使自动机械中的最大行程可调，可设置位置可变的接近开关；等等。

图 6.6　两轮车

(3) 将系统分割成具有相对运动可能的元件。增加系统的分割程度对实现动态化通常是有利的。表 6-1 中的印刷技术的发展就充分地显示了这一点。

【例 6-5】 伞是一种常见的生活用品，而据说伞是从斗笠演变而来的：鲁班妻子云氏也是一位巧匠。《玉屑》上还记述，她是雨伞的发明者，第一把雨伞就是她送给丈夫出门给人家盖房屋时用的，从"伞"字的象形意义就可以看出伞的原形①。图6.7给出了具有不同动态化的雨具的示例，读者可以作为练习对其中的动态化变化进行分析。

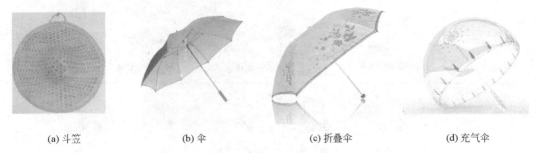

(a) 斗笠　　　　(b) 伞　　　　(c) 折叠伞　　　　(d) 充气伞

图6.7　不同动态化的雨具

【思考】　充气伞是何种类型的动态化改变？

（4）应用物理效应。系统的内部驱动力可以利用物理效应获得，如利用记忆合金使物体在不同的条件下具有不同的形状等。

2. 增加系统可控性的常用方法

系统的可控制性基本上都与场的可控性有关，而关于场的可控性问题涉及物一场模型分析和标准解，下面只对增加系统控制性的方法作简单的说明。

图6.8　F1赛车

（1）引入控制场。如用电场控制用液体或固体燃料的熔炉的火焰。

（2）加入添加剂以增加场的可控性。如在研磨剂中加入铁磁颗粒以增强可控制。

（3）引入动力学装置。如汽车上的阻流板，如图6.8所示的F1赛车。

（4）引入逆向过程系统。如磁性起重机中的电磁系统。

（5）引入组合控制。如在调整系统中同时使用精密螺纹和电致伸缩元件。前者实现大距离调整，后者实现微调。

（6）引入某种部件，即用某一种控制性较好的组件或部件改善系统的可控性。

（7）改变一个主要过程以控制另一个过程，即对主要过程作必要的调整，使其可以控制另一过程。如放大无线电信号以产生足够的音量。

（8）利用反馈加强自控制。

（9）转换工作原理，即采用更易控制的工作原理。

3. 对系统动态化变化的几点说明

系统的动态化意味着"可变"，在这一过程中以下几点是需要设计者理解和关注的。

---

① 对伞的发明者有许多不同的说法；但所有争论已超出了本书讨论的范畴。

(1) 系统的"可变"与"不可变"是交替进行的。

这就是说，系统的可变性不是永久性增加的，在变化后的某个阶段它是稳定不变的；另一方面，在有些情况下尽管系统的总体向着可变性增加的方向发展，但在局部却有向不变回归的趋势。

(2) 系统的"可变"是有层次的。

系统变化是有层次的。它们可以是永久性的可变，也可以是暂时性的可变。

① 暂时的可变后转为不变（固化）。处于不同阶段的系统，它对可变性的要求是不一样的。譬如在系统进行改型时，对某一希望改变的性能参数，通常会设置一个或多个对该参数进行调整的方式，而在许多情况下，在系统经历了一段时间的试运行和调整过程后该参数通常是要被固化的，为调整该参数而加的可变性也就被消除了。

② 永久的可变性。系统中的某些可变性是永久的。这有两方面的含义，一方面指的是这种可变性被永久地保留；其二指的是总是趋向于可变性的增加。下面以机加工设备为例加以说明。

a. 原始状态：最原始的机床有两个运动，切削和进给运动。这两个运动在同一加工过程中是不可变的。但这种加工模式不能满足日益提高的对机械产品的需求。

b. 改变1：数控车床允许进给运动作需要的变化（轴向和径向），引入了这一动态，使得变螺距螺纹，球形体的加工成为可能。

c. 改变2：数控铣床可以允许铣刀在X-Y-Z作相互协调的动作，可以加工各种形状的零件。

d. 改变3：为了保证加工质量，刀具的姿态也需要加以控制，与加工面保持垂直是其中的要求之一，所以更多的自由度又被引入。

所以，数控机床的可变性是一种永久的可变性的引入。

(3) 系统可变性的增加并不是总是有益的。

在某些情况下，可变性的增加并不一定带来有益的作用，所以只有在必须变，或者在对今后的趋势有明确的了解时，"变"才是有积极性的。这样的例子很多，一个最为广泛的例子是各类"傻瓜"产品，"一键操作"产品的出现：对于一般使用的用户来说，在能满足他的基本要求的前提下，太多的动态性并无什么优势，有时还可能制造一些麻烦[①]。

6.3.2 系统集成后再简化法则

系统集成后简化进化模式包含了"集成"和"简化"两个过程。

(1) 集成。即通过增加系统的元件的数量，提高系统功能的性能指标等方法使系统的功能更多，质量更高。在通常情况下，集成是比较直接的、可以想见的进化方式，它不但比较容易想到，如果不过多地考虑成本则实现难度也不大。

(2) 简化。作为"集成、简化"进化模式的第二层次，它所表述的是"用能提供与原系统相同的、或更好性能的简单系统替代原先较为复杂的系统"。系统从集成到简化，完成了系统的一个进化循环。在一般情况下，系统的简化通常较为困难。

分析系统的集成和简化，我们可以发现这样的现象。

---

① 当然也可以认为是系统本身有了更强的适应性，所以才有了"傻瓜"机。但无论如何，对于使用者而言，系统的动态性是变低了。

(1) 设计者习惯于使系统具有更多的功能，希望以这些功能综合后的低成本去吸引用户。这类例子很多，如电视从只能收看电视节目，到加上录像机接口，加上 VCD/DVD 接口，加上 USB 接口，电脑接口等。但在这一过程中，设计者有可能忽略用户的层次性，忽略了不同的用户可能会提出的不同组合要求。

(2) 用户希望多功能，但用户更希望获得价廉、操作简便的系统。他们希望所获得的系统具有他们需要的功能，而不希望由于系统中多了一些他们不需要（或不是特别需要）的功能而增加了系统操作的复杂性和产品的价格。

系统集成是使系统功能改善的基本手段，但在很多情况下组合作为概念只能在一段时间内吸引用户；在系统功能和性能得到扩展和提高后，更需要的是对它进行某种形式的简化。当然，这种简化不是一个简单的简化，而是在功能提升的前提下，考虑了用户便利性和成本后的一种解决方案①。

常见的增加系统集成度的方式有：①创建功能中心；②加入附加或辅助子系统；③通过分割、向超系统转化或向复杂系统转化。而根据不同的进化阶段，系统的简化路径通常有以下几条：①通过选择辅助功能的最简单途径进行初级简化；②通过组合实现相同或相近功能的元件来进行部分简化；③通过自然现象的应用或用"智能"物体专用设计来进行整体简化。

在应用"系统集成与简化"化法则时，把一个系统转换为双系统或多系统，即根据单系统→双系统→多系统路径考虑系统的改进往往是有效的。需要特别注意：只要处理得当，双系统和多系统并不一定比单系统复杂。也就是说，同时进行系统的集成和简化的可能性是存在的。下面对双系统和多系统的有关形式进行简单的介绍。

1. 双系统的建立

所谓双系统就是由两个系统构成的一个复杂系统。构成双系统的两个原始系统在功能特征上可能具有相似性、相反性或共生性；而在相互关联性上可能具有组合关系、补偿关系、促进关系、牵引关系和选择关系等。将不同功能特征和不同关联性的原始系统进行组合就可以获得不同类型的双系统。下面给出一些简单的示例。

(1) 相似-组合双系统。两个相似的、在复杂系统中起相似作用的子系统组合成一个复杂系统，以消除原始单一系统存在的不足，如具有更好稳定性的双体船（图 6.9）。

图 6.9　双体航母

---

① 所有设计者，在开发工作时都应将分析用户需求放在首位，即关注 QFD——质量功能分配问题。

(2) 相似-作用抵消双系统。两个相似的、在复杂系统中起相反(补偿)作用的子系统组合成一个复杂系统，以实现新的功能。这种产生新系统的方式类似于中国成语中的"以毒攻毒"。如雾气给机场造成了许多问题，一种解决方法就是在雾区喷射人工雾，当含有气雾剂的人工雾与天然雾相结合时就产生了雨，达到了使雾消失的目的。

(3) 特性互补双系统。将两个具有性能互补的子系统组合成复杂系统，以提升系统性能。如有一种新颖的橡皮，在橡皮里注有大量的微囊体。当橡皮在纸上摩擦时，微囊体就会破裂，流出的液体就会使笔迹退色。橡皮、微囊体两种不同消迹原理系统的组合产生的新的功能。

(4) 关联(促进)双系统。将两个具有相互促进作用的子系统组合成一个复杂子系统以增强系统功能。例如：为使在冻土上挖掘沟渠变得较为便利，在挖掘设备上安装一个气体燃烧炉，在燃烧炉喷出的火焰的热冲击的作用下旋转开凿机的挖掘效率得到了提高。

(5) 牵引作用双系统。在有前途的新系统产生之初，因各种原因其性能尚未超越旧系统，此时可将新旧系统组合成为一个新系统。从而不但能延长旧系统的寿命又可以使新系统在运行过程中得到进化、修改和调整。如蒸汽机解决了帆船无风无法航行的问题，但原始蒸汽机的效率低而且不适合长期工作，如使风帆和蒸汽机共存就可以组成性能更佳的新系统(图6.10)。

(6) 补偿双系统。如果目前的系统在实现渴望功能的同时尚存在缺陷，就可以选择一个相反缺陷的系统，两者相互实现补偿作用。如为了减少高层楼房在强风等情况下的摇摆幅度，通常在楼顶放水箱。水的质量大致是楼房质量的1‰。水面在房屋摇摆时产生的波浪可以有效地减少房屋的摆动幅度(减少一半)。

(7) 选择性双系统。如果有两个均为同一目标设计的系统，一个复杂(或昂贵)但性能好，另一个简单但性能稍差，这时就可以将两者加以组合，以继承各自的优点供使用者选择。如一般热水袋保温效果差，这时可将一加热盘管放在热水袋中并加入控制元件，以改善热水袋的性能，图6.11所示为充电热水袋。

图6.10　蒸汽帆船

图6.11　充电热水袋

(8) "共生"双系统。寻找一个可以为目前系统提供资源的第二个系统，并将两个系统进行组合，获得一个新系统，从而使系统的主要功能和辅助功能的操作更为简便。如煤矿救生员的工作服中有一个冷却系统，除此之外救生员还需要携带呼吸器，如此装备使救生员行动不便。采用将"冷却"与"呼吸"两个系统组合，由液氧作为冷却剂并用于呼吸，有效地克服存在的问题。

（9）相反功能合并系统。把两个具有相反功能的系统组合起来，以强化新系统的功能。如螺杆两端分别制有螺距均为 P 的左旋和右旋螺纹差动螺纹传动，当螺杆旋转时，两螺母将以 2P/转的速度相对靠近/离开。图 6.12 所示为螺纹紧线器。

图 6.12　螺纹紧线器

（10）"双元原则"。所谓双元原则，就是将一个可能要产生有害作用的材料，分成两个（或多个）相对巩固和危害性小的的元件，在使用时再重新组合在一起。所以，在双元原则下，系统并没有实质性的变化，而是发生了临时的分离。

2. 多系统的建立

多系统在"系统集成简化"的进化过程中起着与双系统同样重要的作用。由于原始系统的数目较双系统多，所以组合的可能性也更多，下面给出几种常用的多系统类型。

（1）建立相似多系统。将多个相似物体或过程组合成一个新系统。这种新系统可能使新的系统具有比原始物体更强的功能，甚至可能产生一种与原始功能相反的新功能[①]。如为了使果树生长的更快，采用了如下方法：将 3 颗种子同时植于一个小坑，等小苗长出后，选定一棵最为强壮的小苗，而将其余两棵的树枝剪去，然后将其根茎部与选定的小苗嫁接，小苗具有了 3 个根系，生长速度自然加快。

（2）建立具有替换特征的多系统。可以将几个具有相似特征的不同系统组合成一个系统。在该系统中，一个子系统总是补充或延伸另一个子系统的功能。如在加工花键孔时采用的拉刀(图 6.13)，有一系列刀刃组成，从开始切削至整型段尺寸由小变大，从而保证了各切削刃均有合适的切削量，而最后的整形段则保证了花键孔的最终精度。

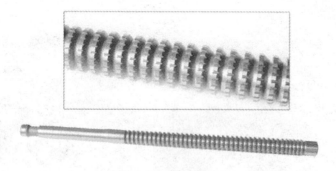

图 6.13　花键拉刀

（3）建立一个由双系统组成的多系统。将两个或多个双系统组成一个多系统。以双系统为基础而建立的多系统，是在整合过程中的再次整合，可以视为多层次的整合过程，这种整合通常可以获更结构化的组合。

---

① 所谓"物极必反"。

(4) 建立一个动态的多系统。用相互独立的分散物体组成系统，动态地实现系统功能。如在塑料拉丝过程中，为了获得不同颜色的丝线，需要在颜色转换时对拉丝头做彻底的清洁工作，有建议认为，根据所有颜色可以由三原色组成的道理，在设计中使各拉丝孔给出不同的颜色，通过不同的混合比例得到不同颜色的丝线[①]。

6.3.3 子系统协调性法则[②]

对于"子系统协调性"法则，最为重要的一点是必须理解子系统的协调性进化法则是双向的。也就是说，当我们采用"子系统协调性"法则作为系统的进化路线时，必须根据具体的情况决定是增加系统的协调性（匹配），还是增加子系统间的不匹配性。一般而言，增加系统的协调性是容易想到和经常提及的，而打破原有的协调而使系统性能得到提升的方法却经常被人忘却。需要充分注意，系统的匹配或不匹配并无实质性的优劣之分，而只有是否适合之分，必须根据当前系统所存在的问题进行选择。

子系统协调性进化法则的基本途径大致有以下几条：

1. 匹配和不匹配元件的途径

该路径的基本发展过程大致如下：不匹配元件的系统→匹配元件的系统→失谐元件的系统→动态匹配/失谐系统，车轮的匹配性如图 6.14 所示。下面举几个实例说明上述各步骤中名词的含义。

（1）不匹配元件的系统：半履带车的车轮在前，而后部为履带，前后存在不匹配。
（2）匹配元件的系统：一辆车装了 4 个完全相同的轮子。
（3）失谐元件的系统：拖拉机前边的轮子小，后面的轮子大。
（4）动态匹配/失谐系统：豪华轿车的两个前轮可以灵活转动。

(a) 半履带车[③]

(b) 拖拉机

图 6.14 车轮的匹配性

2. 可调节的匹配和不匹配元件的途径

在匹配与不匹配的过程中，可以对匹配和不匹配的强度进行调整，使它们处于不同的

---

① 从这里可以看出，对于系统进化而言，多种进化规律同时作用是存在的，有时更有力的。
② "子系统协调性"法则有时也称为"行军冲突"法则，曾经有这样的事例：行军时一致和谐的所产后的强烈振动毁了一座桥。为了避免这一悲剧再现，后来要求军人以各自正常的脚步和速度通过大桥以有效地避免共振。
③ http/ybhcd.blog.tianya.cn

匹配/不匹配状态,该途径可以看成是协调性法则和动态性法则的结合。按强度和可调整性从低到高排列,该途径可以分成以下几点:最小匹配/不匹配系统→强制匹配/不匹配系统→缓冲匹配/不匹配系统→自匹配/自不匹配系统。

3. 工具与工件的匹配的途径

工具与工件的匹配途径可以表达为:点作用→线作用→面作用→体作用。也就是说在这一方式的匹配进化过程中,工具作用于工件的部位是从点作用向体作用进化的。但上述的只是正向途径,即向着更为协调的方向发展;而我们必须注意的是反向也是可行的。

如图 6.15 所示的机械手的手指由一个橡皮球代替,里面充满研磨咖啡,当压到物体上时,咖啡粒就会包围着物体流动,形成与其一致的形状。通过真空吸气,握爪变硬,就能抓住物品。而图 6.16 所示的则是一款仿人手指的机械手。从这两种机械手与工件的匹配我们可以体会到上述工具和工件的匹配途径。

图 6.15　橡皮球机械手

图 6.16　仿人手指的机械手

4. 制造过程中动作节拍匹配的途径

制造过程包括输送和加工动作。如果制造过程中存在输送和加工动作的不协调,可以用以下几种方法利用子系统协调性进化法则。

(1) 使输送和加工的动作协调,速度匹配。

(2) 使输送和加工动作协调,速度轮流匹配。

(3) 将加工动作和输送独立开来。

6.3.4　向微观级和场的应用进化法则

向微观化进化是对"分"的一种基本体现,而场的应用则涉及对效应的利用和增加可控性的考虑。它包括了以下几条基本的路径。

1. 向微观级转化的途径

所谓向微观级转化具有以下几个阶段:即从宏观层次→具有简单形状的(球、杆、片等)元件组成的系统→由小颗粒材料组成的系统→材料结构的应用→化学过程的应用→原子领域的运用→场能量的运用。

通过作为作用单元的物体不断的变小，使得系统的可变性得到了加强。

2. 转化到高效场和增加场效率的途径

场的应用是微观化的最高级别，场显示于无形。产生场的作用物可以远离系统，虽为系统的一部分，但可以不在系统实体组成需要考虑的范围之内。在已经应用场的情况下将场转化到高效场并增加场效率可以更好地实现微观化的目的。

场的利用还有另一层次的含义，就是增加场的可控性。对此将在物-场分析中加以详细的说明。

3. 分割的途径

除了微型化过程中的尺度的分割以及向场转换以外，将系统功能进行细化和分割也是微型化的重要途径。通过分析系统功能，然后将系统功能的实现模块分割成相对独立的模块。使各分功能具有相对的独立性，以便于组合成各种不同的综合功能模块是微型化的重要表现形式。

图 6.17 给出了人们对未来计算机的一个设想，从这一个设想中，可以看到向微观级和场的应用进化法则多种途径的体现，也包含了其他一些进化法则。希望读者作为练习对此进行仔细的分析。

图 6.17　未来计算机的设想

6.3.5　增加自动化、减少人工介入的进化法则

系统向自动化程度更高的方向进化是比较容易感觉得到的一种进化途径，也是比较受人关注和经常被应用的进化模式。有以下几方面的原因加强了这一方式的受人重视程度。

（1）当人们在解决某一给定的问题时，本质上是不希望有太多的精力付出的，"多、快、好、省"始终是人们追求的目标。

（2）具有更适宜的生活和工作环境是人类始终努力的方向。

（3）人是不喜欢重复性工作的。

（4）由于受心理、生理、环境、社会等多方面因素的影响，人的工作状态是不稳定的,是有波动的,"人是最不可以被信任的"这句话在许多场合是适用的,所以在有些情况下,必须减少人工介入。

系统中的人工介入主要包括以下几个方面内容:①动作方面的参与,即系统的动作是由人工完成的,如产品的人工分拣;②能量方面的参与,即系统的能量由人工提供,如自行车人力蹬车的动作所提供的能量;③控制方面的参与,即系统的控制由人工完成,如自行车由人掌握车把控制自行车的行进方向。增加系统的自动化就是要减少人工对系统上述各方面的参与度。

系统自动化程度的考虑方向主要包括以下几方面。

1. 用能量传动机构替代人工和用能量源代替人工的方式

这是一种简单的提升自动化程度的方式。如在自行车中,直接用电动机替代人力;在缝纫机中用电机代替脚踏板;等等;

2. 机械模拟人工动作

动力来源的变动可以提高自动化的程度,但仅限于一些简单动作的替代。对于复杂的动作,就需要考虑如何用机械模拟人工动作的过程。通常可以采用两种方式:

(1) 对人工动作的直接模拟。首先分析人在完成某项工作时的具体动作过程(次序、轨迹等),然后用机械动作模拟。图6.18所示的在自动搅拌机中用连杆曲线模拟人的搅拌动作。

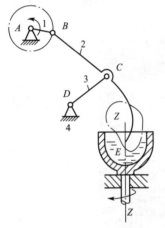

图6.18 搅拌机工作原理图

(2) 只作最终功能替代。由于人的操作特点和机械操作特点不同,作直接模拟通常困难较大。这时可以通过分析需要实现的最终功能,制订出容易由机械实现又能完成所需功能的方案,最终实现动作的自动化。如人工揉面的复杂动作过程完全可以用螺杆机构实现。此时,机械对人的替代就不再是简单的作用者的替代,而是同一功能的不同实现原理的替代了。

3. 在控制水平上代替人工最终在决策水平替代人工

所有动作的完成离不开控制,没有自动控制的机械是称不上自动机械的。所以在向自动化的进化过程中,自动控制通常是不可缺少的。在自动控制过程中,除了对执行件的控制以外,也包括信息的自动获取以及对各种不同的信息进行逻辑和数值运算,做出最佳决策等方面的内容。

控制系统以最佳的路线实施所需的功能当然是最高层次的自动化了。不过就目前的水平而言,计算机的决策通常还是部分的,全面的替代还有一些问题,就算在当前最为先进的系统,如美国的火星探测器上,人工的指令还是需要的。

习题及思考题

1. 试述S曲线进化规律中S曲线的基本构成,以及它在产品预测中的作用。

2. 理想化进化法则作为最基本的进化法则是所有产品必须遵循的,请选择一个产品进行理想度的分析,说明理想化进化法则存在的普遍性。

3. 以计算机为例说明微型化的进化过程。

4. 从现在你能看到的各类自行车出发,分析其中的动态化趋势。

5. 找出现实生活中 5 对主功能相同或相似,但自动化程度不同的产品,分析它们各自的特点,说明它们同时存在的合理性。

6. 你能举出几个系统集成的例子吗?

7. 从表面上看,"不对称性原理"所体现的是一种不协调性,试从系统协调性进化法则的本质出发说明"不对称性原理"存在的合理性。

8. 请根据汽车(也可以自选一种对象进行分析)的发展史说明子系统不协调发展进化规律存在的事实。

第7章 物-场模型分析基础

7.1 概　　述

老子云："道生一、一生二、二生三、三生万物"。何为"三生万物"？根据老子的思想，"一"是"一"，"二"还只是"二"，当两物之间产生了作用生成了"三"后，物又回归于"一"，但这已经是一个新的"一"；而有了新的"一"的产生，当然也就有了万物。

老子的上述理念与 Altshuller 的物-场分析有着异曲同工之妙。Altshuller 在对功能实现进行了充分的研究以后，总结出了如下规律：所有功能的实现都可以分解为3个基本元素，工具(物，施作用者)、对象(物，被作用者)和作用方式或作用机理(场)。如果系统中缺少其中的任一个元素，功能就不可能被实现。"物"与"场"构成了功能实现的一个基本组合，这就是物-场分析的由来。

作为一个基本常识，人们知道所有系统都是为了实现某种功能而出现的；而要使系统能够实现某种功能，组成系统的各个组件间必须有相互的作用，只有当这些组件能够协调地动作，功能才可能被真正地完成。下面先以几个简单的例子加以说明。

【例7-1】 分析日常生活中最常见和最简单的"坐"这一动作的实现过程。

(1) 要完成"坐"这一功能，必须有"坐"的主体——人。
(2) 还需要能够支持"坐"这一动作的某种物质——可能是一把椅子(也可能是其他)。
(3) 需要一种能够让人和支持物联系在一起的某种场，如重力场。

如果当坐的动作发生时，"支持物"与"人"之间不存在适当的相互作用(如人和椅子在两旁)，"坐"不可能成功地发生；如果没有引力场的作用(譬如说在远离地球影响的外层空间)"坐"的动作也不可能成功发生。椅子-人-引力场之间的相互作用，才实现了一个完整的功能"坐"。

上述例子表明，当在分析某个功能是否可以被实现的时候，除了必须保证对象和对象间存在相互作用以外，还必须充分了解对象之间所存在的作用方式和作用的"度"。这就是物-场分析的基本含义。它从对象之间的相互关系出发，通过综合分析对象间(物-物)相互作用的方式和作用机理(称为场)的合理性和有效性,使设计者明确问题解决中存在的困难和思维的盲点,确定问题求解的可能方向。物-场分析是一种强有力的问题描述和分析方法,也是 TRIZ 理论的重要组成部分,是一种从对象之间的作用关系和作用的"度"出发进行创新问题求解的方法。

7.2 物-场模型的基本构成

所谓物-场模型,就是物与场构建而成的模型。为表达方便起间,通常用一个三角形表示功能(图 7.1),其中上角表示作用或效应,用 F 表示;三角形的下边两角 S1 和 S2 表示物质。上述物质的定义是广义的。视具体的应用不同,它们可以是材料、工具、零件、人或者环境。也就是说,物-场模型中的"物质"只是对功能实现中的被作用者和施作用者的一种表述。用广义的概念而不是狭义的概念是 TRIZ 的一个重要的特点,这一特点给了人们以充分的想象空间,有利于发挥人们的创造力。

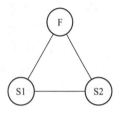

图 7.1 物-场基本模型

一般情况下,人们将施作用者称为工具(显然这里的工具也是一个广义的概念,而不一定是我们通常认为的工具),通常用 S2 表示工具;将被施作用者称为工件,通常用 S1 表示工件,图 7.1 也被称为物-场分析模型图。

需要特别注意的是,物质是"工具"还是"工件"与具体的物质形式无关,而只与它们在参与功能相互作用时的地位有关。根据所处的地位不同,同一种物质可以是工具,也可以是工件。如在"坐"这一功能中,"椅子"提供了支撑作用,它是工具;但如果将人和椅子颠倒过来,将椅子作为被作用元素,把人当成作用元素,如人用头顶着椅子,这时人就成为工具了[①]。

提一些可能使人感到简单而有些可笑的问题:"你能回答什么叫'坐'吗?","坐是否一定需要椅子或某种实在的支撑物?","坐是否一定需要引力场?",等等。请读者在发笑以前好好地思索一下:"这些问题真的可笑吗?","我真的能够有些创意地、完整地回答这些问题吗?"。提出上述问题,事实上是有目的的:首先,经常性的尝试提出这样类型的问题并给出发散性回答对创新思维的形成具有重要的启迪作用;其次,上述问题的回答与物-场分析有着密切的关联。

(1) 所谓"坐"只是人所处的某种姿态,所以人们可以不需要椅子,在需要"坐"的位置安放一个磁场,特制的磁性裤可以使你有更多"坐"的姿态。

(2) "坐"只是"人"与"椅子"(椅子甚至可以是非实体的)的贴合,将裤子与椅子用粘合剂粘在一起可以是一种坐法吗?

从上面的两种"坐"法,可以感觉到它与物-场模型之间的关系。从另一个角度考虑,当人们对一些看似肯定的概念给出一些另类但有一定合理性的说明时,还可以使人们得到不同的物-场模式,获得不同的解决方案。如果对"坐"这一概念给出了不同的解释,也

[①] 在具体分析中,也有人将场也视同为物质,或视为因第三物质的存在而使对象和工具发生了相互的作用。如在例 5-2 中,引力是由地球产生的,所以"坐"这一功能也可以看成是由"椅子"、"人"和"地球"三种物质实现的。这种将"场"也看成为某种物质的理解方法可能更实体化,易于把握。

就可以得到不同的物-场模型。

场是物体之间的效应和作用,它也可以被看成为某种形式的能量,常用的场有以下几种形式:

(1) Me——机械场(机械能);
(2) Th——热场(热能);
(3) Ch——化学场(化学能);
(4) E——电场(电能);
(5) M——磁场(磁能)。

为便于记忆,可以将这些场的缩写组合成一个单词:MeThChEm。上述的各种场不但给出了系统中可能采用的能量形式,而且 Me‐Th‐Ch‐E‐M 的次序与技术系统的可控性(从低到高)以及技术系统的进化趋势是基本一致的,所以也可以根据当前系统所采用的场的形式,判断技术系统所处的进化阶段和未来可能的进化方向。

7.3 物-场模型的类型

物-场分析是针对已存系统或新系统所存在的问题进行的,讨论不同的物-场模型类型的特点对更好地发现存在的问题,并给出有针对性的解决方法具有重要的作用。

根据物-场模型的不同特点,可以将它们分为 4 种类型:
(1) 有效且完整的物-场模型;
(2) 不完整的物-场模型;
(3) 效应不足但完整的物-场模型;
(4) 具有有害效应的完整物-场模型;等等。

从上述分类可以看出,对于物-场模型存在两个主要的评价指标,即构成的完整性和效应的有效性。

物-场模型的三元件之间的关系可以用以下 5 种不同的连线来表示。

应用(application)
有效作用(desired effect)
不足作用(insufficient effect)
有害作用(harmful effect)
模型转换(transformation of model)

如系统中实现功能所需的 3 个元素不但都存在而且有效,其效应强度也能很好地满足功能的要求,这种模型就称为有效完整模型。由于有效完整模型是一种对象、作用、功能完全匹配的模型,所以仅从功能的实现来看,该类系统是不存在任何缺陷的,也是不需要作重点关注的[①]。下面主要对其他 3 种存在缺陷的物-场模型进行讨论。

7.3.1 不完整的物-场模型(不完整模型)

在对需要完成的功能(或现有的系统)进行分析时,如发现组成物-场的 3 个功能元素

---

① 尽管程度不同,所有作用都有其副作用,所以就算现有系统已构成了有效完整模型,如何向理想化进化还是值得关注的,不过这已是另一类问题了。

不全(可能是缺少场,也可能是缺少物质),这时的物-场就是不完整的。

一般情况下,当问题系统中不存在工件(被作用对象)时,功能要求就不可能明确,所以此时的问题通常已不成为问题。所以在不完整物-场模型的系统中缺少的元素通常为工具或作用场。更进一步的分析还可以发现,由于工具作为施作用者,场的选择与工具的选择在许多情况下是同时出现的。譬如说,当选择了机械力场,必然将选择一个可以通过机械力场起作用的工具;当选择了热场后,又会选择一个可能通过热场起作用的工具。

对于不完整的物-场,其首要任务就是使物-场变为完整物-场;而首先要选择的通常是能实现所需目的的场(作用),然后才是能够利用上述作用的工具。

【例 7-2】 有一个耳熟能详的问题:一个乒乓球掉入一个树洞,如何将乒乓球取出?

显然,有对象:乒乓球。为了实现功能,需要建立场并选择工具。

(1)解法 1:将水充满树洞,乒乓球自动浮起。图 7.2(a)给出了一过程的物-场模型。

(2)解法 2:用粘杆粘,这时就形成了图 7.2(b)所示的物-场模型。

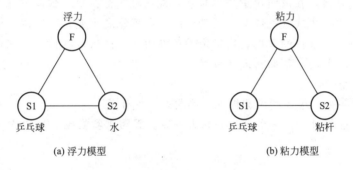

(a) 浮力模型　　　　　　　　　(b) 粘力模型

图 7.2　取出乒乓球的物-场分析模型

需要注意:在两种解决方法中,人们都补充了某些东西。对于解法 1,人们加入了水,并利用了水所产生的浮力(机械场);对于解法 2,人们加入了粘杆,并利用粘杆所具有的粘力(机械场)。作为问题的延伸,可以给出下面的思考题。

【问题】 如果掉入树洞的不是乒乓球,而是一个铁制的螺丝钉,如何处理?如何画出物-场模型图?

在上述的例子中,乒乓球可以被浮力场作用,可以被粘力场作用,所以人们采用了能够与作用对象之间产生上述作用的工具,构成了一个完整的物-场,而使所需要的功能得到了实现。从上面的例子中还可以看出,对于同一功能要求,场的选择并不是唯一的。

实际问题的存在形式是多种多样的,如果遇到了这样的问题:根据具体的应用要求,我们只能选择某种场(也可能是可以选择多种场,但只有一种显然是最为合理的),但现有的被作用对象却不能够响应人们准备采用的场的作用(根据前面的介绍,如果对象不能响应场的作用,功能是不可能被实现的[①]),如何解决这样的问题?

问题的回答是:为了构建完整的物-场模型,人们可以在条件允许的情况下改变工件(被作用对象)的性能。

【例 7-3】 有一个火柴工厂引入一台自动设备可以大幅度地提高火柴的包装速度。但

---

① 不能产生相互作用的物场也可以视为不完整物场。

由此产生了一个问题：原来的人工抓取火柴的方式不再适用了。如何对火柴进行排列并实现自动抓取？

解决方案：人们在制造火柴时，在药面中加入了磁性粉末，从而使得磁场可以用于火柴的包装。

同样的情况，为了检测制冷设备管道中氟利昂的泄漏，人们在其中加入了荧光剂；为了有效地控制谷物的加热温度，人们在谷物中加入具有合适的居里点的磁性物质；等等。

在通过场或物质的引入以构建完整物-场的过程中，对于资源的分析是必不可少的，而不同的资源选择将影响具体的工具和场，当然也将影响到具体的物-场模型。

【例7-4】 在大海中水手需要穿救生衣，但穿着充气的救生衣后人的动作灵活性受到影响，希望救生衣在船上是不充气的，而在掉入水中时，将自动启动充气开关使救生衣充气。原来的救生衣中有氮气瓶，通过尖锐物戳破氮气瓶封口而实现充气，希望在新改变中该方式不发生变化。

问题分析：显然，在该问题中作用对象，氮气瓶是存在的，但没有能够自动打开氮气瓶的工具和场。由于戳破氮气瓶封口的动作的方式不能发生变化，所以只能用机械场作用于封口，根据对具体条件的考虑，决定由预压缩的弹簧提供该机械场。问题转换为如何打开预压缩的弹簧的问题。下面对此开展讨论。

1) 可用资源分析

(1) 救生衣实体，考虑到实际情况，主要是充气开关。

(2) 环境，包括海水，海水产生的压力场等。因为需要自动，所以人力就不再在考虑之中。

2) 选择场

在上面曾经提及的MeThChEm场中，将采用什么场？在选择场时必须注意同时考虑我们能够获取的资源。为了讨论问题方便我们只对利用海水，设计一个遇海水就可以自动作用的充气开关进行分析①。需要注意，场的选择只是选择了某种形式的能量，而如何利用这种能量，使它能够完成所需的功能，还需要仔细的思考。如机械场也有多种表达形式，所以还存在选择合适的机械场的问题。

(1) 机械场。海水可以提供机械场。如冲击，压力等。冲击产生的力是瞬时的，而压力则是差动的。

(2) 化学场。海水可以成为化学反应的其中组分。

(3) 热场。不同深度的海水温度不同，船上和海中的温度也不同。

(4) 电场。海水可以导电。将使电场的使用成为可能。

3) 解决方案

(1) 利用海水可能提供的差动压力场。对束缚弹簧的装置作这样的处理，使它能在一定的压力下解除束缚。

(2) 利用海水可以作为化学反应组件的特点。对束缚弹簧的装置作这样的处理，使它能与海水发生某种反应，从而解除对弹簧的束缚。

还可以给出更多的解法，将此作为思考题，希望读者考虑。

---

① 注意：尽管似乎我们所讨论的只是"海水"，好像只是一种资源。事实上我们讨论了多种资源，因为不同的场就是不同的资源。有关资源的问题请参考第4章。

7.3.2 效应不足但完整的物-场模型(效应不足模型)

如果物-场模型所需的 3 个功能元素都存在,但由于效应程度不够而功能不能实现,这种模型就称为效应不足的物-场模型。对于前面所提及的不完整物-场,如被补齐功能元素后所提供的场作用不够,也可能出现类似的情况。

要解决效应不足物-场所存在的问题就得加强场的作用强度,从而构建有效完整的物-场。改变物-场的构建方式主要有以下几种方法。

(1) 通过改变组成现有物-场的功能元件以改善物-场模型的性能。需要注意的是,在通常情况下技术物体比天然物体易于改变;而工具比工件易于改变。

(2) 如果系统中没有易于改变的要素,也可以引入外部介质以实现改变。如添加(永久或临时地)某种物质(来自于物-场内部、外部或环境)。

(3) 改变所采用的场。

(4) 引入一个或多个附加场,以构成复杂物-场。

应该注意的是,图 7.1 所示的物-场是最为简单的物-场。在解决实际问题时,所采用的物-场可以远比其复杂。下面举几个例子说明这一问题。

【例 7-5】 用锤子敲击岩石,但岩石的破裂并没有达到预期的效果,如何解决这一问题?

解: 显然上述功能中的物-场模型是完整的,即存在

① 工具:锤子;

② 工件:岩石;

③ 场:机械能。

但由于没有达到预期的目的,所以这是一个效应不足的物-场。

解法 1:可以用一个新场代替原有的场,

譬如说用温度场。该解法的物-场模型如图 7.3 所示①。

图 7.3 用一个新场代替原先的场

解法 2:引入另一个场。

如在锤子和岩石之间增加一把凿子。对于这一最简单和常见的方法,可以认为并无什么新意,但从物-场分析角度来说,解决方法已发生了巨大的变化,因为在人们的解决方法中,引入了另一个场,从而构成了两个物-场:锤子 S2→机械能 F2→凿子 S3,凿子 S3→机械能 F→岩石 S1。问题解决的物-场模型如图 7.4 所示。

当然人们也可以在锤子和岩石之间附加一个化学场,使它同时作用于岩石以使岩石变脆,从而使得岩石破裂达到预期的效果(成为有效物-场)。问题解决的物-场模型如图 7.5 所示。

---

① 这里的分析只是给出从物场出发进行解题分析的思路,而不讨论它是否切实可行

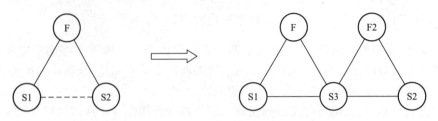

图 7.4 串联物质-场模型

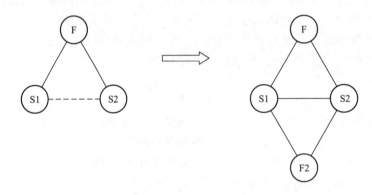

图 7.5 并联物质-场模型

尽管都是引入了一个新场，但分析图 7.4 和图 7.5 可以发现两者的物-场模型是不同的，图 7.4 通常称为串联物-场模型，而图 7.5 则称为并联物-场模型。形入新场而增加场的有效性是常用的：在电解过程中，电解的两极是薄铜片。电解过程中产生的少量电解液沉淀吸附在铜片的表面。如果仅仅用水清洗，只能部分地清除沉淀。这时可以增加第二类场(如采用清洗时的机械搅动或超声波振动)，通过两种场的共同作用顺利地清除沉淀。除此以外，通过改变物质来提高场的有效性的例子也是常见的，如在日常生活的洗涤过程中用热水而不是用冷水等。

对于如何增强场的有效性的问题，TRIZ 的标准解系统中给出了多种解决方法。

7.3.3 具有有害效应的完整物-场模型（有害效应模型）

功能的 3 个元素都存在，但产生了与需求相悖的、有害的效应，这种物-场称为有害效应物-场。对于有害效应物-场可以通过引入物质或场来割断或消除有害作用的影响。在人们的日常生活，许多功能也会出现有害效应，如生活污水可能污染环境，污水处理厂的目的就是对污水进行再处理，割断了污水直排造成的有害效应。

【例 7-6】 在用锤子击打岩石时，出现了飞扬的岩石碎片，容易出现伤人事故。请在分析物-场的基础上解决该问题。

解： 这是一个具有害效应的完整场，人们可以用以下方法进行解决。

(1) 引入新物质。可以采用安全帽和安全网，避免碎石可能产生的伤害事故。解的物-场模型如图 7.6 所示，其中 S3 就是我们所引入的安全帽或安全网。值得注意的是：如我们的将处理碎石作为一个独立的功能要求，那么在采用这种方法时，实际上可以视为引入了另一个物-场模型。

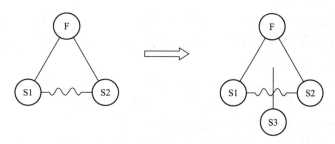

图 7.6　加入 S3 阻止有害作用

(2) 改变场的形式。有一种采石方式是利用岩石中存在的水分的,即通过冷却岩石使岩石中的水膨胀,达到粉碎岩石的目的。其物-场模型的改变过程类似于图 7.3。

人们也可以采用加入场的方法解决存在有害效应的问题。如在解决细长零件切削加工时,由于切削力的作用将导致零件发生很大的弯曲变形的问题时,人们可以引入附加力场来抑制这种大变形:增加一个跟刀架。其物-场模型的改变过程如图 7.7 所示。

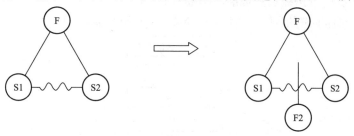

图 7.7　加入 F2 消除有害效应

7.3.4　物-场分析的一般解决方法

在实际问题的解决中,系统的作用是非常复杂的。各功能相互交错,有害和有利作用共存。灵活地运用物-场分析,将实际工作需要解决的问题用物-场模型进行描述,有助于需要解决的问题格式化。

物-场模型分析方法可以用在复杂的大问题上,也可以应用在小问题上,而与物-场模型分析相对应的解题方法则是 TRIZ 的标准解系统。标准解系统是 TRIZ 的一个重要工具,由 Altshuller 等人根据物-场模型提出,共有 76 种标准解,分为 5 级(附录 3)。各级的基本功能如下。

(1) 第 1 级标准解。第 1 级标准解的基本出发点是"不改变或最少地改变系统",共有 13 种标准解法。针对非完整物-场和产生有害作用物-场,该级标准解重点提示了如何通过建立或拆解物-场模型使问题得到解决。

(2) 第 2 级标准解。第 2 级标准解允许改变系统(较第一级更大的改变)来改进系统的性能,共有 23 种标准解法。主要针对存在效应不足的物-场模型的直接改善。作为系统改善的解法,它给出了一些从进化角度出发的考虑。

(3) 第 3 级标准解。第 3 级标准解提示将系统"向超系统和微观级转化",共有 6 种标准解法。这一级解法有两方面的含义:首先,它提示是否可以从进化的角度出发考虑系统的改进;其次,它又是用 1、2 级解法不能解决问题时的后备解法。本级法则的一个基本特点是:它们都是继续沿着从第 2 级中开始的系统改善的方向前进的。

(4) 第 4 级标准解。第 4 级标准解是针对测量和探测专项问题的，主要是考虑了检测和测量工作的特殊性和应用的广泛性，共有 17 种标准解法。本级的许多解法与第 1、2、3 级中的标准解法有很多相似之处。

(5) 第 5 级标准解。第 5 级标准解是针对系统简化而设的，共有 17 种标准解法。第 5 级标准解法将引导设计者寻求这样一种方法："如何给系统引入新的物质但在事实上又不增加任何新的东西"，即更好地实现解决方案的理想化。

76 种标准解可应用于许多领域中的不同类型问题。在具体应用时可根据根据物-场模型选定标准解，并将标准解转变为特定的领域解，即获得问题的新解法。

76 种标准解和 40 条发明原理具有许多相似的地方，有些方法甚至是相同的。但两种工具的出发点是不同的：40 条发明原理更偏向于原理性思考，而 76 种标准解则是从对象之间的相互关系（物-场）出发进行问题解决方法的研究。熟悉 40 条原理的人能够通过研究物质-场分析和 76 种标准解进一步扩展自己解决问题的能力。需要注意的是 TRIZ 所提供的标准解是有层次的，按级别和标准解编号由低至高。

限于篇幅，对标准解的具体应用就不作介绍了。对于标准解的应用过程，如图 7.8 所示。

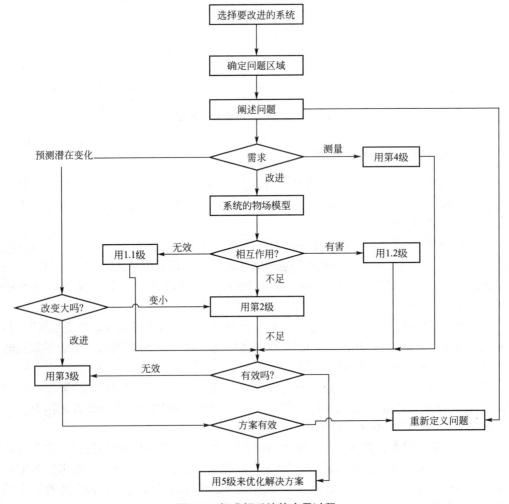

图 7.8 标准解系统的应用过程

7.4 效　　应

在物-场模型中,功能的实现是通过物体之间的相互作用(某种场)来完成的,所以在解决具体问题时,必须了解科学效应和现象,也就是说要了解某种物质在什么条件下可以产生何种场(作用)。

我们可能听说过许多的效应,但由于不知道它的具体用途,所以也就渐行渐忘。TRIZ 在分析了 250 万份以上的专利以后,将高难度的问题和所要实现的功能进行了归纳总结,得出了最常见的 30 个功能需求(表 7-1),并给出了实现这些功能时可以利用的效应(附录 4)。譬如说,对于常见的温度测量可用的效应包括:①热膨胀;②热双金属片;③珀耳帖效应;④汤姆逊效应;⑤热电现象;⑥热辐射;⑦电阻;⑧居里效应;⑨巴克豪森效应;⑩霍普金森效应;等等。随着科学的发展,各种更多的目前不知的效应将被发现,所以实现某种功能的效应也将越来越多。

表 7-1　TRIZ 定义的 30 个功能需求

序号	功能需求	序号	功能需求	序号	功能需求
1	测量温度	11	稳定物体位置	21	改变表面性质
2	降低温度	12	产生/控制力,形成高的压力	22	检查物体容量的状态和特征
3	提高温度	13	控制摩擦力	23	改变物体空间特性
4	稳定温度	14	解体物质	24	形成要求的结构,稳定物体结构
5	探测物体的位移和运动	15	积蓄机械能与热能	25	探测电场和磁场
6	控制物体位移	16	传递能量	26	探测辐射
7	控制液体和气体的运动	17	建立移动和固定物体间的交互作用	27	控制辐射
8	控制浮质(如烟、雾等)的流动	18	测量物体尺寸	28	控制电磁场
9	搅拌混合物,形成溶液	19	改变物体尺寸	29	控制光
10	分解混合物	20	检查表面状态和特征	30	产生及加强化学变化

习题及思考题

1. 构成物-场模型的基本要素是什么?
2. 家用洗衣机通常有加热功能,请画出物-场模型图。

3. 在进行树木粉碎时，通常先将其砍成小的碎片，这时树皮与木片被混在了一起。如果它们的密度及其他特性都差不多的话，怎样将它们分开。请写出详细的分析过程，并画出物-场分析图。

4. 为了消除燃气中的非磁性尘埃，通常使用多层金属网的过滤器。这些过滤器能令人满意地挡住尘埃，但清理困难。如何解决？提示：可利用铁磁颗粒。

5. 罐头制品加盖后要检验封口是否密封。如果放在水中查看气泡，不仅太慢，也不可靠。该如何解决？

6. 手机既要有电磁辐射，以实现通信功能，但又不能有电磁辐射，以免伤害人体，怎么办？

7. 自行车成为了绿色环保、健康的运动，改进自行车，让之变得更加轻便就成为系统提出的问题。如何用物质-场模型分析方法来解决这个问题？

8. 76个标准解共分为哪几级？各级都侧重解决哪些问题？

第 8 章
发明原理的应用

尽管 TRIZ 理论现在已被运用于多个领域，但其起始阶段是从对工程问题的分析开始的。考虑到发明原理对 TRIZ 初入门者进行思维引导时的重要作用，以及在解决实际问题时的有效性，本章将对发明原理的有关思想和具体运用进行介绍。

8.1 概 述

"你认识机械吗？[①]"对于这样的一个简单的问题，绝大多数人都可以给出肯定的回答，并举出许多有关机械的例子，如汽车是机械，机床是机械，自行车也是机械，等等。但科学技术需要概括，人们不能以罗列代替定义。那么什么才是"机械"的精确定义呢？事实上，机械定义包括以下 3 个方面的描述。

(1) 一种人为的组合体，即机械必须是由人所创造和制作的。

(2) 具有确定的运动，即机械的各构件之间必须存在某种确定规律的相对运动。

(3) 能实现某种具体的功能，如能减轻人们的劳动或进行某种能量的转换。

满足以上 3 条的装置称为机器，只满足前两条的装置称为机构，而机械则是机构和机器的总称。

一般来说，机械设计任务可以分成两类：第一类是新机械的研发；第二类是对已有机械的改进。而对于第二类问题，又可以分为两种情况：①当前的机械不能完成预定的功能而必须加以修改；②对当前的机械功能进行拓展。不管何种类型的机械设计，均需要满足以下几个方面的要求：使用功能要求、经济性要求、可靠性要求、劳动保护和环境要求以及其他一些专用要求。

对于一般的工程问题，通常存在以下几个阶段。

(1) 计划阶段。作为设计的预备阶段，此时对需要设计的装置只是一个模糊的概念。

---

① 这里对机械概念进行的简单介绍，并不是为专门讨论机械创新作准备的。只是由于机械设计在工程领域具有代表性，而下面的许多实例又与机械有关，所以希望通过对机械的简要说明，使读者能够更好地理解所讨论的与工程设计相关的问题：如功能的形成和实现，有关的材料选择，成本等。

该阶段需要完成的主要工作是在充分调查和研究的基础上，明确装置应具备的功能，确定设计任务，并为以后的决策提出环境、经济、加工以及时限方面的约束条件。

（2）方案设计阶段。本阶段有时也称为原理或概念设计阶段，本阶段的主要工作是明确和细化设计任务，即确定应该做什么和怎么做的问题。应该明确的内容包括：①主要功能和辅助功能以及所提功能的必要性；②各功能的特征参数；③功能实现的可能性和具体方案；等等。

（3）技术设计技术文件编制阶段。本阶段主要进行具体设计工作，如机械的运动学、动力学计算，零件的结构设计和工作能力计算，以及技术文件的编制；等等。

（4）样机试制和改进阶段。所有设计工作都不是直线型的，有着多种形式的回复或交错，所以上述各环节之间存在着复杂的关联性。"不断反复以达到最佳"，这是所有工程问题的特点，也是在所有创新问题中需要关注的，读者必须对此有深刻的理解。

在上述过程中，每一个阶段都存在创新，而创新理论在每一个阶段都有其各自的用武之地。在计划阶段，最为关键的问题是以符合理想化的进展为基本要求，制定符合系统进化规律的目标，所以在该阶段 TRIZ 的进化理论将发挥重要的作用。应该利用产品进化规律，对现有系统的进化方向、进化可能性和是否需要更新换代等问题进行分析；或通过市场调研提出新的需要开发的产品，使得所作的计划更符合系统的发展规律，使产品更具有竞争力；而在方案设计阶段，矛盾（物理和技术的）将不断地出现。"如何发现关键矛盾？"，"如何解决矛盾？"将成为其中的主要工作，而矛盾矩阵和物-场分析将会给出更多的帮助。所谓创新就是要通过各种可能的手段，使有关性能指标得到提高，或解决现存的问题。

如前所述，TRIZ 的 40 条发明原理存在着无数的"化身"，其应用和实践形式的多样性决定了"对它们在所有领域中的作用进行完整介绍"的期望是不现实和不可能的。本章将以创新思路引导为着重点，对 TRIZ 的 40 条发明原理的有关思想和实例进行介绍。

8.2 功能和原理方案确定

所有产品都是为了实现功能而存在的，所以在产品开发过程中，新的功能构思通常是最先需要完成的工作；而当产品的功能确定后，确定功能的实现方案就是设计者必须完成的又一项重要工作。一般而言，实现给定功能的方案有着多种多样的可能性，任何一种功能和一种实现方案的组合就构成了一种的产品，所以从某种意义上说，构思一项新产品的过程就是确定功能和其实现方案的过程。功能和功能实现方案的确定，意味着产品具有了基本的雏形。

产品的功能和功能实现原理方案的确定是各类设计中创新性最强的阶段，对产品的成败起着决定性的作用。在上述两个方面，TRIZ 的创新原理都能给我们很多的创新提示，而任何一种新的提示都可能对应着一个新的产品或对应着某种产品性能的提高。由于 TRIZ 理论本身并不涉及具体的解决方案（领域解），所以后面的叙述更多的是思维和原理性的。

下面从几个角度出发对 TRIZ 创新原理在功能和方案确定中的应用进行讨论。

8.2.1 功能的分解和组合

功能的分解和组合不但是产品新功能和实现方案确定时最为常用的方法，也是一种重要的思考方式。

1. 分割和组合的广义性

对分割作简单理解是容易的，即将一个较大的功能需求分解成多个较小的功能。如当需要大型运算的时候，可以不去寻求大型机，而是用多台个人计算机并行工作来替代（云计算（图8.1）利用的就是这样的概念），即将一个大型的运算功能需求，分解为多个较小的运算①。但如果只是将功能的分解理解为简单的分割，那就"失之毫厘，差之千里"了。作为一种思想，"分割"是需要去"感悟"的。

图 8.1　云计算示意图

在创新过程中的"分割"是广义的。从内容上看，分割包括了时间、空间、性能、步骤等多个方面。所以，对"分割"更为合理的理解应该是这样的："分割是一种将更大的'存在'分为几个更小的'存在'的动作，而这种动作可以是实际存在的，也可以是理想化的"。

如前所述，TRIZ的发明原理中就有一条发明原理称为"分割原理"。但作为思考问题的一种方法，在TRIZ的发明原理中与"分割"思想相关的绝不止这一条，有很多看似与分割无关的原理中都包括了分割的思想。为了与"分割原理"有所区别，将以"划分"或"分解"来表示这一概念。

1）时间的划分和分解

时间是一种重要的资源，是在产品功能构思和功能方案设计时需要重点关注的问题。时间的划分和分解有以下几个含义。

（1）时间可以被分割成独立的时间段。这些独立的时间段的长短与安排在该时间段的子功能相关，在某些情况下也可以是人为确定的。

（2）在按某种目的分隔的独立时间段内，可以只安排一个子功能，也可以安排多个子功能，或者只是安排某个子功能的部分实现，也就是说在已经被分割的独立时间段还有可能被进一步的划分。

（3）时间是有先后的，可以根据子功能安排的先后次序构成一个实现难度不同或者是实现目标不同的主功能。

（4）对于一个产品而言，在不同的时间，其功能可以是不同的，即时间的划分可以是模糊或者是动态的。

2）空间的划分和分解

与时间相对应，空间是在新功能设计和实现时的重要资源和应该考虑的另一重要因素。空间的划分和分解有以下几方面的含义。

（1）空间的划分和分解可以完全分离形式的。也就是说，功能的实现可以分属于两个在空间上独立的个体。

---

① 作为一种客观事实，通常情况下的常规的功能是比较容易实现的，而当功能要求变得过大或过小时就会产生许多意想不到的问题。譬如说，数千瓦的电机是一个常规产品，很容易获得，但要是用到兆瓦级的电机问题变得复杂了；同样的问题复杂化也出现在相反的方向：要找一个毫瓦级的电机也不是一件易事。

(2) 空间的划分和分解可以只是区分而以，也就是说，功能的实现可以分属于在空间上以某种方式（颜色、形状等等）区分的同一个个体。

(3) 空间划分和分解可以是宏观的也可以是微观。前者如机床上的不同功能块，后者如复合材料和多孔介质等等。

(4) 空间划分和分解后的边界可以是清晰的，也可以是模糊或者是动态的。

(5) 空间的划分不一定是功能的划分，也可以是为了实现某种功能而作的一种简单的物体的划分。

3) 步骤的划分和分解

系统功能是分步骤实现的，同一总功能可以由不同的步骤划分实现，而不同的分步骤将产生完全不同的实现方案，获得完全不同的机械产品；另一方面，步骤总是存在进一步细分的可能性的。

4) 性能（效能）的区分

性能与功能在定义上是不同的。功能的定义为需要完成的某种工作，而性能则是某种存在的表现。性能有不足、正好或过度等程度之分，也有有利与有害之分。清楚了性能的区分，就可以对它们作相应的处理，如抽取其中有用效能加以利用，或对不足的效能加以修正补充，等等，对于上述几点可以参考第 7 章中有关物-场理论的内容。

5) 组合

组合是与分割相对应的一种思想，如 TRIZ 中的组合（合并）原理就可以看成是分割原理的逆原理。与分割类似，功能的组合也可以分为时间、空间、步骤、效能等多个方面，由于与分解具有对应性，这里就不再展开了。

2. 分割和组合在功能创新实现中的应用

在对创新思考中的"分"与"合"的多种形式进行了详细的讨论之后，接下去的问题就是如何很好地应用这些概念。如前所述，TRIZ 所提供的是一种更为原理性的创新方法，很好地理解 TRIZ 理论中的"分"与"合"可以开拓人们的思路，更好地在合适的时间和空间做应该做和可能做的工作。

时间和空间是创新活动中最重要的资源，对它们进行合理使用的重要性是不言而喻的。下面我们将对时间、空间、效能等的"分"与"合"做一些引导的说明，以便于读者更好的体会和理解。

1) 周期性和连续性动作

周期性运动原理（No19）和连续性动作原理（No20）是 TRIZ 理论的 40 条发明原理中的两条。作为首先在本节出现的原理，下面将对其作必要的解释，希望读者能在这些解释中得到一些感悟。

(1) 这两条原理显然是存在矛盾的。因为在这两个原理中，周期意味着有间隔的重复，而连续则意味着没有中断。也就是说，周期性意味着以某种有变化的动作去实现所需要的功能，而连续性则意味着要将原先不连续的动作组合为一体。

(2) 周期性动作必然存在某形式的转换，但连续性应该是排斥这种转换的。

还可以给出上述两原理另外一些形式的差别，但这已不太重要了，因为从上面简单的解释中就可以体会到 TRIZ 发明原理中的双向性，明白创新思维和结果的形成从来就不是单向的。

周期性运动和连续性动作原理既与时间分割有关，又与步骤分解有关。

(1) 周期性运动原理。周期性运动原理提示人们用周期性的运动代替连续运动，而周期运动的频率应该是可以调节的。不但如此，为了实现某种目的(如尽可能地利用时间)，还可以在两个脉动运动之间增加脉动。显然，周期性运动原理是一种时间分解的方式。

【例 8-1】 煤气灶点火时有可能出现只点一次点不着的现象，现在许多点火系统已采用了周期性点火的方式即不断的点火，而且随时间的增长点火频率也增加，直至点火成功。有如有一种防风打火机采用的就是连续点火的方式。譬如我们在将钉子钉入木板时，不是采用重物将钉子压入，而是用铁锤反复周期性的敲击物体，以利用冲击产生的冲量；等等。

另外，报警声通常是脉动而非连续的，而不同的脉动间隔和音频则用来表达不同的信息，以使报警声更能引起人们的注意；而且为了某种目的，也可以在两个脉动运动之间增加某种脉动动作以更好地利用时间[1]。

(2) 连续性动作原理。连续性动作原理提示人们应该尽量保证运动的连续性，减少换向动作(采用旋转运动而非往复运动)，并消除所有空闲或间歇[2]。连续性动作有以下几个方面的含义。

① 尽量利用可以利用的时间。

【例 8-2】 当车辆在红绿灯前作短暂停留时，马达不停而是一定的功率下运行，同时液压储能器储备能量。针式打印机采用双向打印方式而消除回程中的间歇。

② 使同一功能的实现过程不发生中断以保证质量。

【例 8-3】 在灌注水泥桥墩时，水泥的浇注是不可以被中断的。"一鼓作气"是许多工作得以圆满完成的基本保证。

【问题】 请读者分析周期性原理和连续性动作原理，思考上述两原理是否也与组合思想有所关联。

2) 分割、组合和多用性

分割原理(No1)、局部性能原理(No3)、组合原理(No5)和多用性原理(No6)是在根据"分割与组合"思想进行新产品、新功能构思或实现方案中最为常用的原理[3]。

尽管前面已做了很多的分析，但还是要再一次的强调：在许多情况下，方案的最终确定是应用了"分"，还是应用了"合"在许多情况下是很难分清的，对此有时只是理解的角度不同而以。下面的例子可以很好地说明这一问题。

【例 8-4】 机械中要求某动作部件作复杂的 X-Y 平面上的曲线运动，如何实现？我们可以作这样的分析：任何平面运动都可以分解为 X 和 Y 方向的运动(当然也可以是转动和移动的组合)，所以我们可以将对曲线运动的控制分解为对 X 和 Y 方向的运动的控制。从而就有了由凸轮控制的曲线运动(在数控 X-Y 平台的两个方向的运动则是由步进电机或伺服电机控制的)。

上例显然是一种"分割"，但反向思考的话，它也可以是看成由多个运动组合成一个复杂的运动。同样如组合夹具，它可以看成是将一个整体按功能进行分割而成的；但在构

---

[1] 希望将本原理和振动原理 (No18) 作一对比性的思考。

[2] 在阅读本原理时，可以发现它与周期性运动原理存在这一种反向对应的关系。这种反向对应在 TRIZ 发明原理中相当普遍，有时发生在两个或几个原理之间，而有时在同一原理就包含了两个不同的思考方向，如不足和超过作用原理 (No16)，加速氧化 (No38) 和惰性环境 (No39)。对此需要给以充分的关注。

[3] 因为这些原理之间的关系太为密切，分开介绍将影响对它们关联性的理解，所以本文在介绍时将它们放了在一起。

成有具体目的的组合夹具时,所用的又应该是一种组合的思想①。

(1) 分割原理(No1)。本原理提示人们可以通过分割、增加可分割性以及分割成更小的组成以实现功能的改进或开发具有新功能的产品。如整体窗帘改为百叶窗从而增加透风功能。

(2) 局部性能原理(No3)(图8.2)。本原理提示人们可以充分利用空间,使装置的各部分实现不同的功能。采用这种原理的产品很常见。如带有橡皮的铅笔,头部可拔钉子的羊角榔头,特种兵用的军刀,可以使各种大小,形状各不相同的工具各就其位的工具箱,以及专为两腿长度不同的人专门设计的靴子,等等,都可以由局部性能原理给出。

(a) 多用军刀

(b) 羊角榔头

(c) 带有橡皮的铅笔

图 8.2 局部性能原理的应用

图 8.3 通风机

(3) 组合/合并原理(No5)。本原理提示人们可以在时间或空间将相似的物体连接起来,并行地完成多项工作。如通风系统中的多个轮叶(图8.3),医疗诊断仪器同时分析血液中的多个参数,用一个主控制机去控制一批具有类似工作特点的机械等。

(4) 多用性原理(No6)。本原理提示人们在成本增加不多的前提下使系统具有更多的功能。如带有牙膏的牙刷手柄(图8.5),能用做婴儿车的儿童安全座椅(图8.4),具有保护草的根部的剪草机,等等。

图 8.4 能用作婴儿车的儿童安全座椅

图 8.5 带有牙膏的牙刷手柄

3) 性能抽取和变害为利

在功能和实现方案构思时如何做到只利用当前存在的有效部分,或者去除其有害部分

---

① 不过分地纠缠细节,而只掌握其本质是一种有效的学习方法。

显然是值得关注的；更进一步，如果人们能够从看似有害的存在中获取有利的作用那将更值得推崇。抽取原理和变害为利原理表达了这样的一种思想。

(1) 抽取原理(No2)①。根据抽取原理，人们可以将某种性能从原有的总功能中抽取出来。被抽取的性能可能是有利的、也可能是有害的，或者说只是系统中的某些性能在抽取后具有可用性，等等。对系统的有关性能进行抽取以避免有害作用或增加有益作用的思考都有可能给出新的功能实现思路或产生新的产品。

📖【例8-5】 夏天多雷电，而在山顶上的房屋最容易遭雷击。但在武当山1612米的山顶矗立着一座大殿(图8.6)，历经500余年，多次遭雷击却"金身不破"。其原因就在于该大殿是一座全铜鎏金建筑，而屋脊有一些突起的饰物起到了避雷针的效果。由于它们抽取了雷电的有害效应，从而保护了大殿。

📖【例8-6】 人们用狗看门，但狗有可能出现伤人和环境污染问题。可以考虑仅仅抽取狗的看门功能，这就是所谓的电子狗。

📖【例8-7】 医生为了准确地判断病人的病情，需要获得某些数据，而与性能抽取相关的医疗仪器比比皆是；为了不对病人造成太大的伤害，各类与微创手术相关的仪器也日益得到人们的重视。

📖【例8-8】 原先的窗式空调噪声大，也就是说人们需要压缩机制冷，却不需要压缩机的噪声，进行性能抽取，分体式空调将压缩机放在了室外解决了这一问题。如人们需要光，但不需要热光源产生的热量，人们可以用光纤或光管(图8.7)则将有用的光线引到了需要的地方，如此等等。这种抽取都将产生新的产品。

图8.6 武当山金殿　　　　　　图8.7 光纤灯

(2) 变害为利(No22)。"变废为宝"是节约成本最佳的方案，而"以毒攻毒"则是一种逆向思维的表现。煤矿中的煤泥污染环境，但它却存在有用因素"可以燃烧"，火电厂在运行中需要大量的冷却水，这些水在冷却完成后将变成热水，如将这些水直排至海里将造

---

① "抽取"和"变害为利"两原理与分解思想之间的关系可能不是如此的清晰，但这种理解对创新思想的培养是有利的，因为它们确实可以看成是一种划分和分解的应用。

成生态环境的恶化,但它却存在有用因素"具有热量",采用合适的处理方法,充分地抽取这些有害因素中的可用部分并加以利用,将给人们更多的收获。利用钢铁厂余热和汽车尾气发电;利用电厂热水在冬天作为热源加热养鱼池;将动物的排泄物存入沼气池,发酵后不但能产生沼气作为燃料,而残渣仍可作为肥料,所有这些都是变害为利的实例①。

【例 8-9】 在草原火灾时,人们通常采用"以火攻火"的方法(图 8.8),即在野火的对面再放一把火,以此隔断大火的漫延。

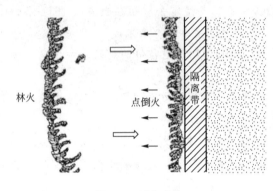

图 8.8 以火攻火

发现并分离可能的有用因素或有害因素是新功能产生的重要方法,但也是比较困难的方法。这一难点不在于认识有利或有害,而在于将其分离并使成为有用。

4) 动态化、自服务、抛弃与修复

对所有产品都存在同样的问题:使用者在不同的情况下将对系统提出不同的要求。为了满足用户要求,必须对系统进行必要的维护和修正,自服务原理、抛弃与修复原理和动态化原理对解决这类问题给出了提示。

(1) 动态化原理(№15)。动态化原理的基本含义是使产品在不同的情况下具有不同的表现形式,该原理在新产品构思中有多种用途。在利用该原理构建新功能产品时的一种可以遵循的思路是:分析现有产品在不同时间/不同空间时的两种或多种矛盾的要求,构思一种能同时满足这些矛盾的产品。动态化的实现可以是手动的,也可以是自动的。如在鼠标周边开设了一个沟槽,在不使用时将鼠标线嵌于槽中;将 USB 接线在不使用时方便地收缩在一个小巧的容器内(图 8.9);汽车中可调整的座椅,反光镜;等等。

(2) 自服务原理(№25)。使系统产生某种附加功能以实现自己服务于自己的功能,就完全地将系统某种原先需要外界参与的功能分割出去了。如图 8.10 所示的可倾瓦止推轴承的轴瓦可以根据具体的工况自动调节至最佳的方位。

图 8.9 USB 接线器

图 8.10 可倾瓦止推轴承

---

① "人无完人,金无足赤",如何抽取其可用的部分是需要认真思考的。

(3) 抛弃与修复原理(№34)。当人们不再将自己所设计的系统认同为永久的、不可变的系统的时候，人们的思维已经大幅度地扩散了。在这一原理中，系统的可变性不同于动态化原理曾经提到的功能和形态的变化，而是可以抛弃，也可以自动地修复①。在应用该原理时应考虑以下几个几个问题：①在系统中，哪些子系统是永久的，哪些子系统是临时的；②临时的子系统如何抛弃，应该在何时抛弃，如何使其在被抛弃之前"变废为宝"；③脱离、溶解、蒸发，上述的抛弃手段可能产生何种后果，它们可以被利用吗；④是否有恢复的可能性和必要性。在某种意义抛弃意味着不值得修复，修复意味着不能抛弃。如：医药上运用可溶性胶囊作为药面的包装；可降解餐具；操作中修复物体中所损耗的部分；剪草机的刀刃自动磨锐刀片。

5) 不对称、曲面化、维数变化、颜色改变

空间的划分可以有多种方式，而曲面化、维数变化、不对称、颜色改变原理则为我们给出了如何划分空间的提示。

(1) 不对称性№4。以结构和形状的不对称实现空间和功能分割是简便的，而利用不对称的特征去实现某种功能也是可能的，

【例 8-10】 使用对称的漏斗卸载湿沙时，在漏斗口处很容易形成一种拱形体，造成一种不规则的流动。而形状不对称的漏斗就不会有这样的拱形效应。

(2) 曲面化原理№14。利用不同的曲线、曲面实现空间划分显然是一个较为简便的方法，而不同曲面形状可能具有不同的性能，如飞机机翼的上下表面。

(3) 维数变化原理№17。该原理对空间区分和划分的提示是显见的。其主要体现在运动自由度的改变、多维数空间的应用、倾斜和方向改变等几个方面。在更多的维数上考虑问题可以开阔我们的空间视野，使产品具更强的功能和操作便利性。如：①可以在三维空间运动的红外线计算机鼠标；②可以以任意姿态，被定位到任意所需位置的五轴联动机床的刀具；③通过倾斜实现自动卸物的自卸车(图 8.11)；等等。图 8.12 所示为六自由度平台。

图 8.11 自卸车

图 8.12 六自由度平台

(4) 改变颜色原理№32。颜色的改变包括改进环境或物体的颜色和透明度，如洗底片的暗室里用的安全灯；而道路上用各种颜色和图案表示的各种交通标志(图 8.13)则已是太为常见的应用了。

---

① 抛弃是否可以认为是极端的动态化？自修复是否可以被认为是自服务？

图 8.13 几种交通标志

6）柔韧的壳和薄膜及惰性环境原理

采用柔壳和薄膜实现分离是直接和易于理解的，但如果将惰性环境看成是一种"非壳之壳"，"非膜之膜"是否对你有一定的启示呢？可以将其与理想化作必要的对应。

（1）柔韧的壳和薄膜原理No30。该原理提示采用柔韧的壳和薄膜实现物体与外界隔离或隔绝，而不是采用三维结构。这种方法不但可以使分隔的柔性增强，而且可以通过选择具有特殊性能的薄膜实现所需要的功能。如将两极性材料的薄膜漂浮在水库的水面上，一面具有亲水性能，一面具有疏水性能以避免水蒸发。

（2）惰性环境原理No39。本原理提示用惰性环境代替普通环境以实现隔离。如通过往灯泡内充入氦气，以防止热细灯丝的失效。

7）复制No26

将复制分类为分割的一种，是需要一些想象的。希望能通过下面几个例子理解这种分割。

【例 8-11】 在需要检查胎儿的健康状况时，通常采用的方法是用声谱记录后加以分析（听胎心），而不是冒险直接检查。

【例 8-12】 当需要了解某区域水鸟（图 8.14）的数量时，可以采用通过航拍照片进行分析的方法。

图 8.14 鸟群

8.2.2 功能实现和操作的便利性

功能的实现包括功能顺序的安排和操作方式的确定，不同的功能顺序安排将产生不同的总体方案，而操作方式实现的便利性是方案设计时必须解决的问题。

1. 功能实现中的预先作用和延后作用

功能顺序的安排与分割和组合有关，其相关性在于功能步骤的可分解和可以重新组合的事实。但顺序的安排在机械系统的设计中有其特殊性，所以人们通常以单独的一类进行分析，以更便于理解，图 8.15 所示为手术械的安排顺序。与预先作用相关的发明原理主要有"预先反作用原理No9"、"预操作原理No10"和"预补偿原理No11"，"未达到或超过作用原理No16"以及"中介物原理No24"。

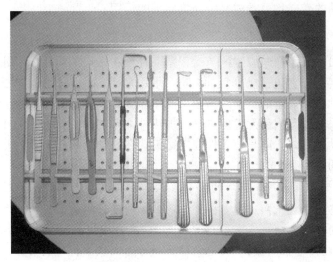

图 8.15　手术器械

（1）预先反作用原理No9。如果一个操作最终必定产生有害作用，就应该预加入反作用以抵消有害作用的影响。如在压力波动较大的管路中加入缓冲器以吸收能量和补偿能量，减少冲击带来的负面影响；在以后要承受拉应力的部位，预先在物体上产生压应力。

【例 8-13】 为了提高钢筋混凝土的抗拉强度，需要使其受预压力作用。通常的操作方法是在灌注水泥前预拉钢筋，而当混凝土凝固后，使钢筋收缩，实现预压缩的目的。

（2）预操作原理No10。"磨刀不误砍柴工"，在操作开始前完成物体的全部或部分改变或预先排列物体，以便在最方便的地方进入操作，而不浪费递送的时间，都是预操作的作用，都可以提高最终工序的操作便利性。如采用预先涂上胶的壁纸；在外科手术进行时，先对所有工具消毒，并使用密封的盘，以防止感染；灌装生产线中，所有瓶口都朝一个方向，以增加灌装效率。

（3）预补偿原理No11。本原理提示的是预先准备好应急措施补偿相对较低的可靠性。如飞机上所用的降落伞、重要部门自备的发电机等。

（4）未达到或超过作用原理No16。"矫枉过正"、"过犹不及"可能是这种创新原理的最好解释，在很多情况下，做到刚好也许是不可能的，或者是要花太大的精力的。这时就可以采用"矫枉过正"，然后再行修正的方式。当运用给定解法时，物体的全部功能很难实现，那么通过同样的方法"增加一点"或"减少一点"，也许能获得相对来说较为容易的解法。而从功能实现来考虑，就是一种典型的功能延后实现。

【例 8-14】 油漆时可将物体浸泡在盛漆的容器中完成，但取出物体后外壁粘漆太多，通过快速旋转可以甩掉多余的漆。

【例 8-15】 为了得到正确的量，人们通常采用多次添加的方式，每次都有所不足，但趋势则是更精确的。

(5) 中介物原理№24。中介物原理就是在功能实现中采用合适的中介物去实现所需的功能，或改变某种已有的功能。在操作中先将一个物体暂时与另一个很容易分开的物体合并，在完成操作后才行分开。功能实现理解，本原理所提示的是预先和延后的共同作用模式。这类操作在机械加工中经常地用到，如加工圆柱面时用定心的心棒，在机械传动中设置惰轮以实现运动的变向均可看成是中介物原理的运用。

2. 利用反向作用的功能实现

反向原理(№13)属于逆向思维的范畴，是一种创新思维的运用，利用该原理有可能导致全新的功能和产品。它包括操作反向、静/动反向和位置反向等。如根据操作的便利性要求，可以将问题中所规定的操作改为相反操作。如为了拆卸处于紧配合的两个零件，可以根据具体情况采用冷却内部元件的方法或加热外部元件的方法；在钻小型薄板孔时，可以不采用钻头移动的方式，而是将工件迎向钻头；在自动扶梯中，扶梯运动，而乘客相对于扶梯却是静止的；等等。

【例 8-16】 为了保证汽车行驶的安全性，需要对汽车的四轮同步性(防偏)、制动性能等进行检测。将汽车放上高速路是不合适的，如何设计测试装置？

解：运用反向动作原理。汽车不作直线运动(车身固定)，车轮带动测试轮转动("大地"运动)实现四轮同步性测试；"大地"作为动力源测试车轮的制动力。

前面曾经提到的跑步机(图 8.16)以及飞机的风洞试验，也类属于同样的反向动作的构想。

图 8.16 跑步机

【例8-17】 要加工一个大型的工件，旋转或搬动工件都非常困难，如何完成这一任务？

最终的解决方法：工件不动但加工设备运动，完成对该工件的加工。中国的第一台万吨水压机(图8.17)用的就是这样的"蚂蚁啃骨头"方法。

3. 功能实现中的快变与不变

"变"与"不变"是相对应的，虽然发明原理中的绝大多数都与变有关，但不变也并非没有用武之地，"等势性原理No12"和"同质性原理No33"就是其中的例子，其中"同质性原理No33"则更多的与材料相关联。"快变"与"不变"针锋相对，而所对应的原理就是"快速完成有害操作原理No21"。

图8.17 中国第一台万吨水压机

1) 等势性原理No12

等势性原理在操作方面的应用于人体工程有关，其最基本的原则是当物体移动时不应改变其势能(高度不变)，这不但可以减少能量的损耗，而且也能增加系统的可操作性。如在设计与冲床的工作台工件输送带时，应使其高度与冲床的工作面相同，更便于将冲好的零件输送到另一工位。

【例8-18】 有人需要完成这样一个任务：要将重近10t的大钟在泥泞的土路上运输到300km之外的地方。因为这是在1834年的春天，所以也就成了一个不可能完成的任务。

问题最终是这样解决的：人们将大钟侧躺，用圆木和木板将其包裹，从而形成了一个圆形"车轮"，一群马拉着这个"车轮"到达了目的地。

显然，这是一个曲面化的实例；但不容否定，它也是一个等势性应用的实例：物体在平地滚动时其重心的变化为零——等势。

2) 快速完成有害操作原理No21

该原理用在所进行的操作对系统是有害的情况下，为了使有害的操作对系统的危害最小，应该在最短的时间内完成该操作。这样的例子在生活中很多，如雨天快速地跑过露天环境；要在纸上熄灭一个烟头，要动作迅速地、用力地将它熄灭；为了避免牙组织升温，牙科医生在修理牙齿时采用高速转孔；等等。

【例8-19】 塑料受热后容易变形，如何在加工过程中避免这一现象发生？

解决方法：应该进行快速切削，使在塑料未变形前完成切削。

4. 控制

控制也可以看成是操作的重要组成部分，TRIZ的发明原理中直接与控制相关的发明原理不多，反馈原理(No23)是最主要的一个。①

反馈原理所提示的就是通过引入反馈以改进操作，它也是所有自动机中常用的方式。在没有反馈的机械中加上反馈，或者在反馈不足的情况下使反馈达到所需的强度是使机械

---

① 这也是动态化原理和对该原理组合运用的体现。

可控性增加的保证。如音频电路的自动音量控制，来自旋转罗盘的信号用于简单飞行器的自动驾驶仪，加工中心自动检测装置，等等。

8.2.3 实现功能所采用的效应考虑

在确定设计方案时，采用何种效应始终是需要重点考虑的。实现功能的效应可以是化学的、物理的、机械的或者是其他方面的。因为在TRIZ中，对效应的考虑主要集中在物-场分析时对场的理解上，所以在40条发明原理中涉及的具体效应的原理并不很多，下面对它们做一些简单的介绍。

1. 重量补偿原理No8

重量补偿的基本出发点就是利用环境资源，使系统的重量等到有效的补偿。这种补偿可以正向的，也可以是反向的。即可以用于产生浮力，也可以用于产生压力。

（1）利用阿基米德定律，如前面所述的曹冲称象，以及用用氢气球提升广告条幅等都属于此列。

（2）利用流体（气体或液体）动力学的原理，对运动物体的重量进行补偿。如合理地设计航空器的机翼形状以提高航空器机翼的举升力；F1赛车中的定风翼起到保证抓地力的作用；等等。

2. 曲面化原理No14

曲面化原理所指的主要是形状上的改变，但也可以是运动方式的改变，如线性运动和旋转运动之间的转换，离心力的应用，等等。而离心力这一效应在控制中有许多的用处，如离心式限速器、离心式离合器，也可利用离心力去除多余的涂料，等等。

3. 机械振动原理No18

振动原理是在功能实现中经常使用的一种原理，由于振动的存在将引起很多与常态不同的结果。任何结构、质量、刚度、弹性确定物体均有一定的振动模态，而振动引起的瞬时压力消失将使得摩擦力瞬时消失。对振动的应用主要有以下几个方面：①获得可控制的冲击力；②利用物体的固定频率；③利用超声波，图8.18所示为超声焊接机；④利用共振；等等。如我们可以利用带振动刀片的电子雕刻刀更好地实现雕刻工作，利用压电晶体振动器代替机械振动器获得更精确的计时，利用物体的共振现象振碎结石（超声波碎石），运用增加振动频率（甚至达到超音速）分选粉末。运用超声波和电磁振动在感应电炉里混合合金。

图8.18 超声焊接机

4. 机械系统替代原理 №28

机械系统替代原理有多种替代形式，如用感官手段（光学、声学、味觉或嗅觉）代替机械量，用电场、磁场和电磁场代替机械场，变静场为动场，变无组织场为有组织场，运用可以被场激活的微粒（如铁磁体），等等。假如，在这里引入效应的概念，那么，机械系统替代的实现方法将随着能够应用的效应数的增加而增加，如考虑到每种效应又有多种实现方案，那么这种替代所带来的将是更多的思考点和思考方向。

机械系统替代是系统功能设计和改进的重要手段，也是较难掌握的功能设计和改进手段，但如果选择得当，将使系统功能得到大幅度的提升。

（1）利用感官手段实现代替。利用感观手段替代方法可以很大程度地简化系统，因为它利用了对象的感知能力作为传感器，以对象的自觉行动作为执行元件。如用带臭味的天然气以提醒用户天然气的泄露，也就简化了机械或电子感应器。

（2）电场、磁场和电磁场替代。向可控制性更高的场转换是系统进化的规律之一。所以在条件允许的情况下进行上述替代将使得系统功能得以提升。如为了让两种粉末混合，可以将其中一种静电感应成带正电荷，而另一种带负电荷。在电场的作用下，两者自然结合；又如用磁场加热包含有铁磁体材料的物体，当温度超过居里温度时，材料变成顺磁性，而不再吸收热量。

5. 气动或液压结构 №29

气动或液压结构属于机械系统，但由于存在一定的特殊性，通常将其分别进行讨论。近年来气动和液压技术得到了很大的发展，许多自动机械均采用了类似的装置。这里不准备对其作展开讨论。仅举几个简单的例子：如充满液体的气垫和充满胶体的舒适鞋垫，液压/气动机械手（图 8.19），充气的密封门等。

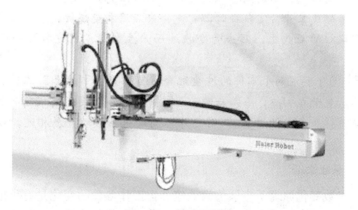

图 8.19　气动机械手

6. 相变原理 №36

利用物质在相态变换期间所发生的某种变化以实现所需要的功能在许多情况下通常是有效的。物质在相变过程中发生的变化如体积改变、热量损失或吸收等。如前面曾经提到的用于救生衣的氮气瓶充气装置所利用的就是液到气的相变。图 8.20 所示的热管就是相变原理的现代应用之一。

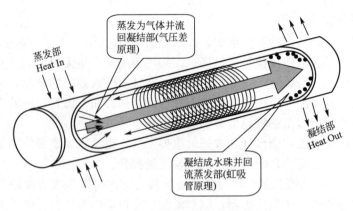

图 8.20 热管原理

【例 8-20】 在没有炸药的时候，古代人是如何劈开石山的？

在古罗马，Hannibal 运用水凝固时体积膨胀的特性劈开大石块：大石块阻塞了阿尔皮斯山的通道，他将水灌在石头上，晚上水凝固成冰后体积膨胀，大石块被劈开成为许多可以搬动的小石块。

7. 热膨胀原理 No37

热膨胀是材料的基本特性之一，它有两个特点：①不同的材料有不同的热膨胀系数；②固体的热膨胀系数通常是较小的，而力则是巨大的。根据这两个特点，人们可以通过加热某种物质获得微少量度变化；而且也可以通过不同材料选择获得派生功能。

【例 8-21】 建于 1000 多年前的都江堰是中国人的骄傲，而都江堰的宝瓶口是人工开凿的。在没有炸药的时化，中国的古代人又是如何劈山的呢？

李冰父子在带领民工开凿宝瓶口时，首先将岩石用木柴烧红，岩石受热膨胀；然后他们取岷江水浇在烧红的石头上，石头受冷收缩而产生裂纹。就这样历经数年才打通了宝瓶口。

【例 8-22】 为了实现两个零件的过盈配合，可以采用"热套"工艺。即加热外部元件使其膨胀，然后装配在一起，冷却后就形成了过盈配合；采用用不同的热膨胀系数的材料制成的双金属片弹簧自动调温器。（用 2 片不同膨胀系数的金属相连，以便加热时向反方向弯曲）

8. 参数变化原理 No35

严格来说，参数变化原理不应该称为效应。但工作参数的变化是有可能引起某种效应的发生的。如物体在气态、液态或固态之间的变化；材料的冷脆性；等等。

根据以上考虑，虽然参数变化原理很难称之为效应的利用，但将参数变化作为引发某种效应的初始条件是比较合适的。

9. 加速氧化 No38

将加速氧化作为一种效应，还不如说是将其作为一种对于环境的改变。尽管在许多叙述中并不将环境归于系统之中，但环境对系统的影响却是不容忽视的。从这一点考虑，将加速氧化作为效应的一种也不无道理。

加速氧化原理大致有以下几种应用方式。

（1）用富氧空气代替普通空气。如为了潜水更长时间，水中呼吸器用氧或非空气混合气体。

（2）用纯氧气取代富氧空气。如用氧—炔焰高温切割，用高压氧气治疗伤口，以杀死严氧细菌和帮助治疗。

（3）暴露在空气或氧气下，以便离子辐射。

（4）利用氧离子。如空气净化器电离空气，以吸附污染物质。

（5）用臭氧代替氧离子。在使用前通过电离气体加速化学反应。

8.3　功能实现中的材料问题

材料是所有机械实体的基础，也是功能实现最基本的保证。单一材料的性能如强度、弹性模量、导热性、绝缘性、热膨胀系数等，其中强度通常是需用重点考虑的问题，而其他参数则根据具体应用的不同，而有所侧重。在40条发明原理中，有多条原理与材料的创新应用有关，下面将对有关的应用进行介绍。

1. 局部性能原理No3

在机械零件设计选择材料时不但要考虑到材料性能的问题，也需要考虑成本以及加工和维护等方面的问题。"好钢用在刀刃上"，局部性能原理给人们的启示是可以在需要的地方局部地采用高性能的材料。

【例8-23】　蜗轮蜗杆传动中由于蜗轮蜗杆的相对滑动速度很大，为了避免发生胶合现象（一种严重的传动失效），要求蜗轮材料具有较好的抗胶合能力，通常的选择是锡青铜，但锡青铜价格很高，对于大型的蜗轮成本过高。为了节省成本通常采用的方法是：蜗轮的齿圈（与蜗杆接触部分）采用青铜，而芯部则采用铸铁。同样的原理也用在火车的车轮上：车轮的外圈是钢，而芯部则采用铸铁。

【例8-24】　铜具有良好的导电性和焊接性能，但价格较高、机械性能较差；而钢则机械性能好、价格低，但导电性和焊接性较差。人们利用这一特点制成了芯部为钢材料，而表面为铜材料的导线并将其用于高频交流电的传送上，由于高频交流电的"集肤效应"，电流主要经导线的表面流过，而焊接性能和抗腐蚀性能也主要由表面材料表现，材料的这种组合使双方都发挥了各自己的特点，图8.21所示为集肤效应电缆。

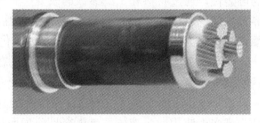

图8.21　集肤效应电缆

2. 多孔材料原理No31

当零件需要吸纳液体和气体时，直接采用多孔材料通常将有较好的效果，例如用海绵的孔储藏液态氢，就比直接储藏氢气更为安全。多孔材料如海绵、毛毡以及粉末冶金材料，也包括金属网等。

【例8-25】　某机械需要对运动部件表面加油润滑，但油量不能太大。解决的方法是采用吸了油的海绵作为加油部件,在运动部件的运动过程中刷油以保证所需的油量。

3. 同质性原理No33

同质性原理用在两零件材料选择的匹配上,为了保证两零件具有较好的匹配性,应该考虑同质性原理。

【例8-26】 轴在轴承中旋转时将因为摩擦的存在而产生热量,从而导致温度的上升。由于热胀冷缩,当轴和轴承的热膨胀系数不一致时,轴和轴承之间的间隙将发生变化(变大或变小),从而影响轴承的工作性能。根据同质性原理,应该在轴承材料选择时考虑与轴的热膨胀系数的一致性(至少较为接近)。同样的问题也存在于汽车的气缸和活塞材料的匹配上。

4. 抛弃与修复No34

抛弃和修复原理对零件材料创新应用的提示是:当需要实现有关功能时,可以考虑到只要通过合理的材料选择就可以使材料在工作过程中自行消失或起到修正作用,如可降解餐具的材料选择。

【例8-27】 病人需要口服药粉,直接取食不但味道不佳,而且不便。通常采用的方法是运用可溶性胶囊作为药面的包装,在口服时不但方便,而且它还保证了药粉在进入胃部才与器官接触,减轻了对食道等的刺激。目前有些药丸还被做成缓释型的,在缓释型药丸中药面被进一步包装为小颗粒。

【例8-28】 滚动轴承的钢球和滚道之间存在微小的相对滑动,可能导致摩擦和磨损。所以希望在此之间有一层膜。但膜在工作过程中将被磨掉,而失去保护的作用。解决的办法是改进保持架的材料,当滚动体与保持架有相对滑动时,就将材料转移至滚道(转移膜)。

5. 参数变化原理No35

改变材料参数是实现系统性能的重要保证。在系统中存在各类材料,也存在多种选择的可能性,通过材料和工况参数的改变达到所需要的目的显然具有更广泛的适应性。但世界上的问题也正在于此,太为广泛的适用性,也使得参数变化原理的应用变得更无章可循,变得更为困难。TRIZ所指出的参数变化大概有以下几种。

(1) 改变物体的物理状态,即物体在气态、液态或固态之间的变化。如以液体的形式运输氧气、氮气或天然气,而不是气体的形式,以减少体积,方便运输。

(2) 改变浓度或密度。如在使用洗手的香皂时,液体香皂比固体的更为浓缩和具有粘性,当多人使用时,液体香皂更容易分配而且更卫生。

(3) 改变物体的柔度。如通过限制容器壁的运动,运用可调节气阀减少元件掉入容器里的噪音,硬化橡皮以改变其弹性和使用耐久性。

(4) 改变温度。使物体温度升高到居里点温度上,将铁磁性物质改成顺磁性物质;烹调时升高食物的温度,以改变食物味道;降低医学标本的温度,以便保存和方便以后分析。

事实上参数的变化有更广泛的含义,系统中的各个组件,可能是材料、环境、工作参数等方面的变化都可以在被考虑的范围之内。

6. 复合材料 No40

随着材料科学的不断发展,材料的种类越来越多,复合材料就是其中的重要一族,复合材料通过各组分的不同性能更好地完成了零件工作过程中对材料的各种要求,混凝土就是常见的复合材料,在混凝土中,水泥、石子、沙子、钢筋各司其职,起到了提高综合抗拉、压性能的作用。

【例8-29】 汽车轮胎需要有弹性以实现减震的目的,又要有足够的强度。采用复合材料很好地解决了这一问题:汽车轮胎中有多层的钢丝以提供足够的强度,而包在钢丝之外的橡胶又起到了弹性减震的目的。自行车的轮胎也是同样的结构,但通常采用的加强材料是棉线。

另外,如合成环氧树脂纤维的高尔夫球棒比金属的更轻、更结实和更柔韧。玻璃纤维冲浪板比木制的更轻、更易操纵和更易制成不同的形状。多孔材料等也都是复合材料应用的成功实例。

除上述发明原理以外,其他如低成本替代原理(No27),柔性壳体或薄膜原理,(No30)状态变化原理(No36),热膨胀原理(No37)等的应用也涉及了零件材料的选择问题。

8.4 结构形态与功能实现

在材料选择后,零件的结构设计则成为实体化的关键步骤。事实上结构设计与材料的选择是不能完全分开的,不同的材料对具体的结构形状是有不同要求的;不但如此,结构设计还与加工工艺性有关。结构设计不仅是单个零件的设计,而且还包括了零件之间的相互连接和空间关系。下面将对有关的应用进行介绍。

1. 分割原理 No1

在结构设计时,合理地采用分割原理是一种思想,也是一门学问。当整体结构较难实现时就应该考虑是否可以采用分割结构。如消防用的水管,每节都有一定的长度,而在需要较长的长度时,就是使用快速分合接头将其接成所需的长度。这里,分割想法是将长管变成短管,而这一分割结构成为可行,则是因为有了快速分合接头。

【例8-30】 零件铸造需要砂型(图8.22),而砂型是由木模完成的。当零件的形状比较复杂,模型也将变得非常复杂,不但制造难度大,而且取模的难度也很大。

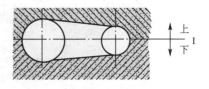

解决方法:

(1) 根据零件形状确定分型面的个数和分型面(第1次分割);

(2) 根据零件形状确定确定木模的主体和活块(第2次分割);

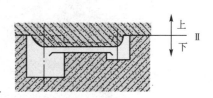

(3) 根据制造的便利性,对各部分的组合结构进行分割,并考虑结合方式(第3次分割);

图 8.22 砂型分型面示意

(4) 装配成整体。

2. 局部性能原理 No3

局部性能在结构设计上的应用有两种基本形式：①将物体的结构由统一变成不统一；②使得组成物体功能的每一部件最大限度地发挥作用。

3. 不对称性原理 No4

对称是自然界许多事物的表现形式，对称是一种谐调，是一种给能人以沉稳的感觉。但这一普遍存在的表现形式，却缺乏一些新异之感。创造需要新意，需要不对称。在不对称原理应用中需要明确两点：①设计是可以不对称的，如可以在圆柱轴上加工小平面以安装手柄，②采用不对称结构可能改善系统的性能，如水泥搅拌车、蛋糕搅拌器等对称容器中为改善混合性能而采用了不对称叶片。

图 8.23　波音飞机涡轮发动机外型

【例 8-31】 为增加波音飞机的动力，将涡轮发动机的外形改成是非圆形的，图 8.23 所示为波音飞机涡轮发动机。

【例 8-32】 液压缸中的 O 形密封圈原来的断面是圆形的，但通过力学分析发现，纯圆截面的 O 形圈在压力油环境和活塞的移动过程中，应力分布不甚合理，影响 O 形圈的寿命和密封效果。通过研究，采用了异形截面，有效地改善了 O 型圈的性能。

4. 组合（合并）原理 No5

将类似的物体合并在一起以更好地起到作用，如通风系统的多个叶片，行星轮中的多个行星轮。图 8.24 给出了汽车后桥箱的结构。从图中可以看出，该后桥箱在多个地方采用用了多个齿轮同时作用的结构方式。

图 8.24　汽车后桥箱

5. 套装原理 №7

套装原理是尽量利用空间的一种发明原理，最熟悉的例子如可叠放的量杯或勺子，俄罗斯套娃(图 8.25)，变焦镜头、可伸展的收音机天线，安全带固定机构，甚至教师使用的教鞭等都是套装原理的应用。

【例 8-33】 车床需要用细长原料加工零件，事先截成短段不但费时而且费料。这时可以利用车床主轴的内孔，将棒料穿过该孔，从而使长棒料可以被加工。车床主轴上内孔的设置不但使得细长料的加工变得较为便利，而且空心轴的运用也使在主轴横截面尺寸相同时，主轴的刚度得到提高，这种多功能的实现有时是所谓的"无心插柳柳成荫"，但人们更需要的是有目的活动。

图 8.25 俄罗斯套娃

6. 动态化原理 №

如果物体的形状和位置在不同的使用环境中的需求有所不同时，可以在结构设计中使其具有某种可变性，使它可以适用于各种不同的条件，以达到最优或最佳的操作条件。结构的动态化可以有两个不同的层次：一种是自适应的动态化；另一种是人为操纵的动态化。

【例 8-34】 下水管道堵塞是令人头痛的问题，当堵塞物较多时应有一工具将其铰碎以达到疏通的目的，但下水管道是弯曲的，运动如何传入？

解决方法：采用动态化原理，将铰头用一根钢丝软轴(图 8.26)连接于电机，钢丝软轴可以随意弯曲以适应弯曲的管道。

【例 8-35】 键盘在使用时需要有足够的尺寸，但收集或携带时又不希望太大，如何解决。

解决方法：利用动态化原理，设计了"蝴蝶"形计算机键盘(图 8.27)，不使用时两边的"翅膀"缩入中间的体内(问题：这里采用的何种原理？)，用时拉出。①

图 8.26 钢丝软轴

图 8.27 "蝴蝶"形计算机键盘

---

① 前面从功能角度上提出的可调整后背支撑的椅子，可调整的反光镜，等等都可以看成结构动态化的例子。这些在不同思考点上引出的相同实例，更有力地说明了 TRIZ 在思维，而不是具体方法上的作用。

7. 曲面化原理 №14

曲面化原理就是用曲线或曲面代替直线或平面，由球形代替立方体，举世闻名的赵州桥，以及 DNA 的双螺旋结构就是曲面化原理运用的最佳例子。

【例 8-36】在一轴系中，如两轴承存在不对中性，将使轴受到较大的附加力矩。如何解决这一问题？

问题的解决方法是这样的，将轴承改为球面轴承（图 8.28）：当不对中性存在时，球面就会发生相对转动，从而使轴保持在直线状态，避免了附加弯矩。

其他，如用斜齿轮代替直齿轮，图 8.29 所示为螺旋伞齿轮；在家具底部安装万向轮（图 8.30）（球面）以代替柱形脚，使得家具可以方便的移动；钢笔尖做成球形以使书写流利等都可以看做是曲面化原理的应用。

图 8.28 球面轴承

图 8.29 螺旋伞齿轮

图 8.30 万向轮

8. 维数变化 №17

在结构设计中的维数变化就是改变物体排列的形态，一维变二维，二维变三维，等等。为了增加连续播放音乐的时间和种类，可以采用安装 6 张 CD 片的音响；为了节省占地面积，创造出立体车库（图 8.31）；用给定区域的反面安装所需部件或使其起某种作用，如多层电路板等。

9. 抛弃与修复 №34

在结构设计中，有时也相关到抛弃与修复原理。如为了保证防拆，要设计一个在拧紧后螺钉头能自动折断的结构，这就需要在螺钉头与坚固部分加入一薄弱环节，在力矩超过某值时自动断开。

10. 等势性原理 №12

等势性原理也被称为同可能性原理，在结构设计中等势性原理的基本应用为"等强度"设计的概念。"短板理论"是众人熟知的理论，其基本含义是系统的性能决定于其中最弱的一环。在结构设计中利用等强度设计方法，可以使零件各部分的强度趋向一致，从而起到节约材料和成本的目的。

图 8.31　立体车库

8.5　对成本问题的几点提示

成本是由多因素组成的，包括了制造成本、运行成本、维修成本等多个方面。实际上在前面方案确定和材料等方面都已经涉及了许多与成本相关的问题。这里只是简单地说明一下发明原理有关的问题。

1. 分割原理 No1

可以在零件加工比较困难时，采用合理的分割从有效地节约成本。这样的例子很多，如当在加工一个深度较大的盲孔时，人们可以先加工通孔，然后加入堵头，这是步骤分割减少成本的实例，即盲孔不是一次成形的；人们可以将一个复杂形状的零件分割成不同的部分，分别加工，而最终以焊接和组装的方式合成。如此等等。

2. 合理地应用抛弃和修复 No34

可以有效地节约操作和维修成本，"学会放弃"是抛弃的出发点，而自修复则是减少维护成本的重要一环。有许多抛弃的方式，最常见的如多节火箭，在升空的过程中被逐节地抛弃在太空中。而剪草机的刀刃自动磨锐刀片则是自修复的例子。

3. 复制原理 No26

在不同的阶段尽可能采用复制品而不是实物是节约成本的有效方法。用简单和便宜的复制件，而不用不易获得的、昂贵的、易碎的或不易操作的物体。用光学复印件代替物体或过程都可以有效地节约成本。

【例8-37】 机械产品在投产以前通常需要进行样机试制，不但耗钱而且耗时。有没有解决的办法，实现既能快速地发现存在的问题，又能节约成本。

解决方法：采用虚拟样机或虚拟制造技术，通过经由计算机设计的虚拟产品，进行虚拟的实现，从而解决大部分可能出现的问题，达到缩短时间，降低成本的目的。

另外，用太空拍摄的照片测量地形，而不采用地面实测；通过测量相片来测量物体等都是复制原理的具体应用，都可以有效地节约成本。

4. 廉价替代物原理 No27

用低成本、寿命短的物体代替昂贵、耐用的物体，用寿命和可靠性换成本是降低成本和增强便利性的重要途径。如一次性纸杯，旅馆的塑料杯，尿不湿等。在设计过程中需要明确这样一个问题，并不是越可靠就越好，也不是使用寿命越长越好。为产品设计一个合适的寿命和可靠度才是设计的准则所在。

【例8-38】 牙医需要用到高速磨头，为了病人的健康，要求每个病人换一个磨头，（每个磨头的使用时间不大于0.5小时），而现有的磨头太贵，特别是其中的高速滚动轴承占了较大的成本比例。

解决方法：从降低成本出发，对高速滚动轴承进行重新设计。根据已知的可靠性、寿命、使用载荷之间存在关系解决上述问题。

5. 预补偿原理 No11

"有备无患"或"防患于未然"是预补偿的基本含义。如前所述，各类性能参数在其变化过程中，都存在一个节点的问题，也就是说，过了这个节点，成本有可能大幅度的变化，可靠度也有类似的问题。对于可能出现的不利情况，不是一味地提高可靠度，而是预先准备好应急补偿物体，可以有效地降低成本。例如，照相胶卷上的磁条引导补偿不足曝光，飞机上预备的降落伞，飞行器的空气交替系统都是预补偿的例子。

习题及思考题

1. 试述机械设计的基本要求。
2. 试述机械的基本定义。
3. 举一个采用多用化原理实现创新的实际例子。
4. 举一个动态化实现功能创新的实际例子。
5. 试分析与一般的手机相比，滑盖手机的结构中采用了几种发明原理，并对每一原理使用后对性能的改善给出详细的说明；对于翻盖手机你又有何感想？
6. 观察采用压电晶体打火机中点火部分的运动机构，试分析该机构与什么发明原理有关。提示：可以仔细感觉一下点火的具体过程。
7. 铅笔有多种形式（包括形状和组成），尽可能多地给出你能发现的铅笔种类，并分析发明原理在其中的具体体现。

8. 给出一个"未达到或超过作用"原理的应用实例，详细说明其应用过程。

9. 给出一个"惰性环境"原理的应用实例，详细说明其应用过程。

10. 液压阀有先导型和普通型之分，查阅资料明确先导型液压阀的优点所在，其中体现了什么原理的应用。

11. 螺钉的尾部形状是螺钉的重要功能面，查取尽可能多的有关螺钉尾部形状的资料，并分析其中发明原理的体现。

12. 以某一日常生活用品为对象，用5种以上的发明原理给出它可能的创新点。并给出详细的方案说明。

第9章 ARIZ85 简介

9.1 概 述

ARIZ 是"发明问题解决算法"的俄语缩写，英文缩写为 AIPS（Algorithm for Inventive Problem Solving）。它是 TRIZ 理论体系中一个重要的分析问题和解决问题的方法，主要针对问题情境复杂、矛盾及其相关部件不明确的技术系统。通过对初始问题进行一系列变形及再定义等非计算性的逻辑过程，ARIZ 实现了对问题的逐步深入分析和转化，最终达到解决问题的目的。

ARIZ 的最初版本由 Altshuller 于 1956 年提出。随着 TRIZ 的解题工具的发展，ARIZ 也在不断的发展着，其发展路线如图 9.1 所示。从内容上看，不管是最初的 ARIZ56 还是后来的 ARIZ85，ARIZ 算法都集成了同一时期 TRIZ 中的几乎所有工具。

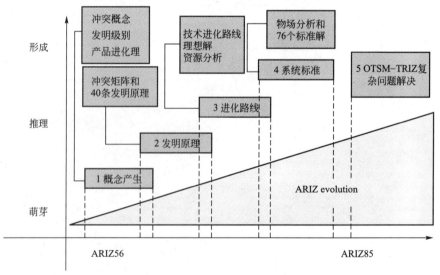

图 9.1　ARIZ 发展路线图

TRIZ 理论认为，一个创新问题的解决难度取决于对该问题的描述和标准化的程度。问题描述得越清楚，问题的标准化程度越高，问题就越容易解决。根据这一基本观点，Altshuller 在 ARIZ 中设计了一整套对问题不断地描述，不断地标准化的过程。在这一过程中，初始问题最根本的矛盾将被清晰地显现出来，从而使使用者可以更好地利用现有的知识，并将自己所获得的结果变成大众可以使用的知识。ARIZ 有以下基本特点。

（1）ARIZ 是由各种连续步骤组成的一种程序。ARIZ 采用循序渐进的方法，将模糊的初始创新情境转换为简化的问题模型，并从中推出最终理想解，分析出其中存在的物理矛盾并加以解决。

（2）ARIZ 有助于克服思维惯性。思维惯性是创新的主要障碍之一。为了控制人们的某些心理因素以克服思维惯性，ARIZ 设计了一套与创新思维的进展相匹配的步骤，以保证使用者沿着正确的路线行进。如引入"缩小问题"（Mini - Problem）和"扩大问题"（Maxi - Problem）；强调应用系统内、系统外和超系统的所有种类可用资源；引入系统算子，将系统问题扩展。引入参数算子；要求尽量采用非专业术语表述问题；等等。

（3）ARIZ 是在知识库支持下工作的。ARIZ 由一个经常更新的知识库提供支持，该知识库的内容紧凑、综合性强，包括了物理、化学、几何效应和现象库。

（4）ARIZ 支持多重周期的解题过程。创新工作通常需要多次地反复，希望一次就获得理想的结果是不现实的。因此，ARIZ 被设计为支持多重周期解题，而相互连续的各个周期都能产生新的解法。

利用 ARIZ 进行解题的基本流程如图 9.2 所示。

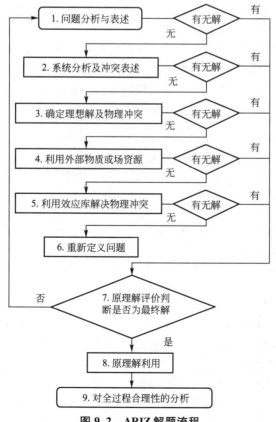

图 9.2　ARIZ 解题流程

本章以 Altshuller 提出的 ARIZ-85 为主，对其中理论方法和步骤进行简单的介绍。介绍过程中所选择的天文望远镜无线电波接收系统问题的具体描述如下。

天文望远镜通过接收宇宙天体发射的无线电波信号以研究天体的物理、化学性质。为了防止自身被闪电击中，天文望远镜通常装有许多避雷针，但避雷针会吸收部分无线电波，从而减少天线的电波接收量，需要解决这一问题。

ARIZ 是在 TRIZ 现有工具的基础上组成的系统化的问题解决流程。为了更有效地运用 ARIZ 方法解决实际问题，必须对 TRIZ 的其他工具有一定深度的理解。尽管本章所作的介绍只是基本和简略的，但在学习过程中有以下几点还是值得注意的。

(1) 经常性地回顾前面几章的有关内容，并将它们与本章的有关步骤进行对照。
(2) 除本章所给的例子以外，可以设计或寻找一待解决的问题，作为学习本章过程中的理论应用实例。
(3) 保持随时记录的习惯，记录下学习过程中的理解和产生的思路。
(4) ARIZ 是一个有一定难度的创新算法，需要有足够的耐心和毅力。

9.2 ARIZ85 的基本流程介绍

ARIZ85 的流程共分为 9 步，所以也被称为九步法。下面就对流程中的各个步骤进行简单的介绍。

9.2.1 ARIZ 的问题分析和描述

问题分析和描述是 ARIZ 的基础，其基本目的是明确问题本质之所在，并通过强化冲突，为提升最终解决方案创新层次打好基础。基本要求为：在系统能够实现其必要功能的前提下，尽可能不改变或少改变系统，利用技术系统相关信息，定义管理冲突，分析问题结构，以"缩小问题"的形式表述初始问题，从而强化矛盾。ARIZ 的问题分析和描述包括了 7 子步骤，见表 9-1。下面将对各个子步骤进行介绍。

表 9-1 ARIZ 的问题分析和描述的基本步骤

子步骤 1	描述最小问题	子步骤 5	加强矛盾冲突
子步骤 2	找出产生矛盾的组件对：作用对象和工具	子步骤 6	建立问题模型
子步骤 3	画出技术矛盾 1 和技术矛盾 2 示意图	子步骤 7	运用标准解系统
子步骤 4	判断什么是主要的加工过程？选取技术矛盾		

1. 子步骤 1（最小问题描述）

ARIZ 问题分析和描述的第一步是描述最小问题，即在系统保持不变或只作最小改动的条件下，能使系统的缺点消失或达到理想化时所需要解决的问题。

1) 最小问题描述模板

不使用专门术语，按照以下模式列出"最小问题"。

◆ 技术系统：用于表明系统功能、用途，包括了指出系统的主要组件。

◆ 技术矛盾 1：需指出。
◆ 技术矛盾 2：需指出。
◆ 对系统做最小改动时必须……：需指出所需结果。

在技术矛盾 1 和技术矛盾 2 的定义时必须定出工具在两种相反的作用状态时的表现，如：许多避雷针时……；较少避雷针时……。详见例 9-1。

【例 9-1】 天文望远镜无线电波接收系统的最小问题描述。

技术系统：用于接收无线电波的技术系统包括无线电天线、无线电波、避雷针和雷电。

技术矛盾 1：如果该系统有许多避雷针，便能可靠地保护天线不被闪电击中，但避雷针会吸收部分无线电波，从而减少天线的电波接收量。

技术矛盾 2：如果避雷针很少，就不会吸收太多无线电波。但在这种情况下，天线失去保护，有被闪电击中的危险。

在对该系统进行最小改变时必须确保天线不被闪电击中，又不能影响电波的接收。

2) 最小问题描述时需要注意的问题

在使用最小问题描述模板时，有以下几点是值得注意的。

(1) 强调限制的提出。因为定义最小问题不是打算解决"较小"的问题，而是想在问题解决之初就在不引起系统太大改变的前提下引入附加要求以加剧矛盾冲突。

(2) 清晰描述系统。应该清晰地指出系统的组成，各部分的重要性以及在系统中的作用。除此之外，各部分的相互作用和外界环境也是需要关注的。

(3) 清晰地理解技术矛盾。技术矛盾的描述通常是明确的。在定义存在困难时，可以进行下面的思考：①首先描述系统组件的一种状态，并说明其优点和缺点，然后描述出相反状态下的优点和缺点；②在问题情境只给出了作用对象时将出现没有明显的技术矛盾的问题，此时可以通过作用对象的两种假设性状态来得到技术矛盾，可以允许其中一个是明显不成立的。

用通俗易懂的文字替换与工具和外界环境相关的专门术语，以避免增强思维定势。(在上述陈述中，应将作为专门术语的避雷针换成导电杆或简单的导体)

2. 子步骤 2(问题分析中的矛盾对定义)

本子步骤的任务是找出产生矛盾的组件对，即"作用对象"和"工具"，通常应遵循以下规则。

规则 1：若问题条件中的工具有两种状态，根据问题情境的描述，要同时指出这两种状态。

规则 2：若问题条件中有多个具有同类相互作用的组件对，则只需指出其中的一对。

【例 9-2】 描述天文望远镜无线电波接收系统的组件。

作用对象：闪电和无线电波(无线电波接收系统的两种状态)。

工具：导电杆(导电杆可多亦可少)。

对于工具和对象的定义，可以参看第 7 章。

3. 子步骤 3(技术矛盾的图形表达)

图形表达具有形象、直观和具体等特点，能够清晰地反映物体间的相互关系，但是本步骤并不是必需的。技术矛盾的图形表达的方式类似于物-场分析中的相互作用的表达，

ARIZ 允许使用者根据自己的理解设计图形符号。

4. 子步骤4(通过判断主要加工过程选取待解决的技术矛盾)

为了使问题的解决具有更高的可行性,必须在最小问题中定义的两对技术矛盾中选取与主要的加工过程(特定条件下,技术系统完成的基本功能等)最密切相关的矛盾,并明确地指出主要加工过程的本质特点。

【例9-3】 天文望远镜无线电波接收系统问题解决中的技术矛盾选取。

接收无线电波问题中系统的主要功能是天线接收无线电波。因此,在这种情况下,选取技术矛盾2:导电杆不吸收无线电波(即不损害无线电波)。

在技术矛盾选取中,需要注意以下两点。

(1) 如果选择了工具的一种作用状态,接下来要做的就是要保证工具能在所选状态下产生在另一种状态下所具有的有用特性。譬如说,不增加数量,只采用少量的导电杆,但是避雷的效果要等同于有很多避雷针的效果。不允许将"少量的导电杆"改为"最优数量的导电杆"等,ARIZ 目的是使矛盾加剧,而不是缓和矛盾。

(2) 对于加工工件和生产产品时的测量问题,其主要加工过程是整个被测量系统的主要加工过程,而不是测量系统的某个部分。例如需要测量灯泡内部的压力。主要加工过程不是测量压力,而是生产灯泡。

5. 子步骤5(加强矛盾冲突)

本步骤的目的是通过指出组件作用的极限状态(作用)来加强矛盾冲突。在绝大多数问题的冲突类型中存在着这样的表述形式:"较多组件"←→"较少组件","强组件"←→"弱组件",等等。在强化处理时,如"较少组件"这一冲突应该被强化为"无组件"或"缺少组件"。

例如在天文望远镜无线电波接收系统中,应将"少量导电杆"强化为"没有导电杆"。

6. 子步骤6(建立问题模型)

指出下列要素以构建问题模型,格式如下。

◆ 矛盾对(冲突对)。

◆ 冲突强化后的描述。

◆ 将附加元素X引入系统来解决问题(X元素应如何来维持、消除、改善和保证等等)。

【例9-4】 天文望远镜无线电波接收系统问题模型。

(1) 矛盾对:导电杆和闪电为产生矛盾的组件对。

(2) 天线接收无线电波时,没有导电杆就不会阻碍天线对无线电波的接收,但无法保证不受闪电袭击。

(3) 必须要找到一个X元素,可以维持导体不存在时的功能(即不妨碍天线的接收),同时能保护天线不被雷电击中。

在建立问题模型的过程中,需要考虑以下几点。

(1) 在建立问题模型时,只是从问题解决的角度出发人为地选取了技术系统的部分组件,而将其余的组件暂时"排除在外"。例如,保护天线问题的问题模型只列出了描述问题必不可少4个组件:天线、无线电波、导电杆、闪电。

(2) 完成"建立问题模型"步骤后应回到"描述最小问题"步骤,并检查建立的问题模型是否符合逻辑。

（3）通常通过指出 X 元素的作用来精简问题模型。X 元素不一定代表系统的某个实质性组件，但可以使系统内部发生部分改变、修改或变动，或是某些完全未知的变化。例如，温度的变化、系统某部分物理状态或环境状态的改变。

7. 子步骤 7(运用标准解系统)。

检查运用标准解系统来解决问题的可能性：若问题得不到解决，进入 ARIZ 第二部分（即 ARIZ 的问题模型分析）；若问题得到解决，可直接进入 ARIZ 第七部分。不过对于第二种情况，通常还是建议用第二部分继续分析问题，以获得对问题更为精确的理解。

9.2.2 ARIZ 的问题模型分析

问题模型分析是通过对物-场资源进行分析，创建用来解决问题的可用资源的清单（空间、时间、物质和场），共分 3 个步骤，见表 9-2。

表 9-2 ARIZ 的问题模型分析的基本步骤

子步骤 1	确定操作区(OZ)	子步骤 3	确定物-场资源(SFR)
子步骤 2	确定操作时间(OT)		

1. 子步骤 1(界定操作区域，OZ)

在一般情况下，操作区域是问题模型中所指冲突的存在区域。比如，在天线保护的例子中，操作区域是指先前放置避雷针的区域。

2. 子步骤 2(界定操作时间，OT)

操作时间是指可用的"时间资源"，包括发生冲突的持续时间(T1)和冲突发生前的时间(T2)。

3. 子步骤 3(确定物质和场资源 SFR)

确定待分析的技术系统、外界环境和作用对象的物质-场资源(SFR)。创建一张物质场资源清单。所谓的物-场资源是指已有的物质和场或根据问题条件容易获得的物质和场。注意在确定物-场资源的过程中，物-场资源是一种可用的资源，并应优先采用已有的物-场资源。如已有的物-场资源有缺陷，可以引入其他的物质和场。本步骤中的物-场资源分析是一个初步的分析。关于物质和场资源的有关内容可参考第 4 章。

【例 9-5】 天文望远镜无线电波接收系统的物-场资源确定。

天文望远镜无线电波接收的问题分析表明最好"不用避雷针"。因此只能用外界环境的物质和场作为物-场资源。此时，外界环境的物-场资源为空气，即天线保护系统中可用的物-场资源为空气。

9.2.3 确定理想化的最终结果和物理矛盾

本步骤共分 6 个子步骤(表 9-3)，其目的是要描述出 IFR、确定妨碍达到 IRF 的物理矛盾。虽然不是每次都能达到 IFR，但是 IFR 能给人们指明更好答案的方向。

表 9-3 确定理想化的最终结果和物理矛盾的子步骤

子步骤 1	描述理想化的最终结果 1(IFR1)	子步骤 4	微观上描述物理矛盾
子步骤 2	强化 IFR1	子步骤 5	描述理想化的最终结果 2(IFR2)
子步骤 3	宏观上描述物理矛盾	子步骤 6	运用标准解

1. 子步骤 1(陈述理想化的最终结果 IFR1)

对 IFR 描述的总体思想：获得有用作用(或者消除有害作用)的同时，不能随之产生其他的恶化作用(或产生有害作用)。可以按照下列模式确认并陈述理想化的最终结果 IFR1。

◆ 引入 X 元素时，绝不能使系统复杂化，也不能产生任何有害效应。
◆ 可在操作时间内（指出操作时间）消除有害效应。
◆ 可在操作区内（指出操作区）消除有害效应。
◆ 保持工具维持工作的能力（指出有用作用）。

【例 9-6】 天文望远镜无线电波接收系统的理想化的最终结果 IFR1。

引入 X 元素，绝不能使系统复杂化，也不能引起有害现象，在操作时间内(闪电发生时间到下一次闪电发生前)，没有导电棒也能维持导电棒的性能，同时不妨碍天线接收无线电波。

2. 子步骤 2(用附加条件强化 IFR1 的描述)

通过附加条件强化 IFR1 的描述。其强化方式为：禁止在系统中引入新的物质和场，只能利用原有的物质-场资源。

【例 9-7】 天文望远镜无线电波接收系统的 IFR1 强化。

在天文望远镜无线电波接收系统中，没有工具(不能使用避雷针)，只能使用空气(即 X 元素为"空气"，更确切的是空气棒位于原有的避雷针位置上)。

3. 子步骤 3(宏观上描述物理矛盾)

物理矛盾是对操作区某种物理状态相反情况的描述。按照以下模式列出宏观层次的物理矛盾。

◆ 在操作区……，在操作时间……内，应该是(指出宏观物理状态，如：应该是热的)，为了完成(指出冲突作用中的一种)；同时不应该是(指出相反的宏观物理状态，如：不应该是热的)，为了完成(指出另外一种冲突或需求)。

【例 9-8】 天文望远镜无线电波接收系统的物理矛盾。

在原有避雷针区域的空气棒在操作时间内应该是能传导电的，为了避雷；同时又不应该导电，为了防止其接收无线电波。

根据此描述可以得出结论：空气棒应该在闪电放电时导电，其余时间不导电。

值得注意的是，用 ARIZ 解决问题时，答案是一步一步得出来的。一般而言，从最初的启示直接过渡到解决方案或直接完善不成熟的方案不是很好的习惯，详细的分析将获得更优的解。

4. 子步骤 4(微观上描述物理矛盾)

为了拓展解题的思路，在做完宏观层次的物理矛盾描述后，还应该从微观的层次对物理矛盾进行描述，以通过列出微观层次上的物理矛盾，对宏观问题给出一些补充信息，拓展解题思路。

微观层次的物理矛盾是"粒子"层次的。粒子可以是分子、原子等。常见的粒子有：①物质颗粒；②与场结合的物质颗粒；③场的颗粒（虽然很少见）。

可按照下列模式列出微观层次的物理矛盾。

◆ 在操作区……内应有某种物质"粒子"（指出其作用或物理状态），为保证（指出宏观上物理矛盾中的要求）；同时又不应该有此种物质粒子（或需要有某种相反物理状态的粒子）为保证（指出宏观上物理矛盾中的另一个要求）。

📖【例 9-9】 天文望远镜无线电波接收系统的微观物理矛盾。

空气棒（闪电放电时）中应该有游离的电荷，以保证导电性（为了避雷），同时不应该（无闪电时）有游离的电荷，以保证不导电（为防止电荷吸收无线电波）。

到此为止，已经重建了初始问题，而在后面的"陈述理想化的最终结果 IFR2 中将概述这一变化。通过制定 IFR2，将得到一个新的物理问题，之后要解决的将是这个新的物理问题。

5. 子步骤 5（陈述理想化的最终结果 IFR2）

在上述宏观和微观物理矛盾的分析后，应按以下模式制定最终理想解 IFR2。

◆ 操作区（需指出操作区），在操作时间内（需指出操作时间），应该自我保证（指出宏观或微观上相反的两种物理情况）。

📖【例 9-10】 天文望远镜无线电波接收系统的最终理想解 IFR2。

在闪电放电时，空气棒中的中性分子能自我转变成游离的电荷，在闪电结束后，游离的电荷应自我地变成中性分子。

这一新问题含有以下意思：闪电放电时，与周围的空气不同，空气棒中的空气能自我产生游离的电荷，这样被离子化的空气棒就是一个"避雷针"了，将闪电转移到自己身上。闪电结束后，游离的电荷应自我形成中性的分子。

6. 子步骤 6（确定能否采用标准解系统解决 IFR2 所得到的物理矛盾）

如果问题未解决，进入 9.2.4。

如果问题得到解决，可进入 9.2.7，虽然也建议继续用 9.2.4 进行分析。

9.2.4 调用物-场资源

在 ARIZ 的问题模型分析中已经确定了准备使用的、已有的"可免费使用"的物-场资源。本节将着重介绍如何增加可用物-场资源的数量，通过改动已有的物-场资源得到派生的物-场资源等问题，其基本步骤见表 9-4。

表 9-4 见调用物-场资源的步骤

子步骤 1	建立"小人"模型	子步骤 5	运用已有资源派生出的物质资源
子步骤 2	从理想化的最终结果退后一步	子步骤 6	引入电场
子步骤 3	运用物质跟物质组合后的资源	子步骤 7	引入场和对场敏感的物质
子步骤 4	运用虚空或虚空与物质的组合		

在以上的物-场资源调用过程中,通常应遵循以下规则。

规则 1:处于同种物理状态下的粒子只能完成一种功能。换句话说粒子 A 不能同时完成作用 1 和作用 2,需要引入粒子 B;粒子 A 完成作用 1,粒子 B 完成作用 2。

规则 2:引入粒子 B 后,可以将其分为 B1 和 B2 两组;这样就可以免费地根据已有粒子间的相互作用得到新的作用 3。

规则 3:若系统中只有粒子 A 时,将粒子 A 分为两组也是有帮助的。一组粒子 A 保持原有的状态,另一组粒子 A 完成待解决问题参数的改变。

规则 4:粒子被引入或被分组后,在其完成作用后,应变为相互不可分离,或与原有粒子不可分离。

上述 4 条规则应贯穿于 ARIZ 第四部分分析的始终。

1. 子步骤 1(用小人法建立冲突模型)

小人法是一种拟人化的图示方法,旨在将"冲突要求"以假设的图示方式体现(或用系列图表示),图示中将冲突要求想象成用小人如何行动的草图来描绘(小人无数量要求,可以为一个组,几个组,或群)。小人应代表问题模型中可以被改变的部分(工具、X 元素)。

"冲突要求"是 IFR2 中指出的问题模型中的冲突或物理状态的冲突,通常情况下是后者。但是从物理问题如何过渡到小人法,目前尚没有准确的步骤,因此在问题冲突模型中画出"冲突"相对要容易些。

用小人法建立冲突模型的过程包括:①用小人法建立冲突的图形模式;②改变这一图形模式,让小人起作用,消除冲突;③过渡到技术方案示意图。

在步骤 2 中,经常把两种作用描述在同一个图示中,即同时显示有用作用和有害作用。若问题是随着时间的推移而发生的,那么还要画出流程图。

在这一步骤应该避免的是用草率的、粗略的示意图来结束本步骤,因为这将会导致错误。一个好的示意图应满足以下要求:①表达清楚,没有文字解释也能理解;②能给出有关物理矛盾的补充信息,及如何消除物理矛盾的思路。

"用小人法建立冲突模型"只是一个辅助步骤,它的主要作用是使问题解决者在调用物-场资源之前更直观地了解到应该用什么作为操作区中的,或接近操作区的物质粒子。因此,可将小人法看做是一种心理思维方法。

【例 9-11】 天文望远镜无线电波接收系统的小人法。

(1) 方框内小人与方框外小人没有任何区别,它们都是一些中性的小人。图 9.3 指明,小人没有空余的手去抓闪电。

(2) 将小人分为两组(参考规则):方框外的小人不变(仍然为中性),而让方框内的小人腾空一只手,以吸引闪电,如图 9.4 所示(可以采用其他图示,但都需把小人分为两组,并改变方框内小人的状态)。

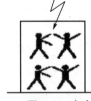

图 9.3 小人法示意图(a)　　图 9.4 小人法示意图(b)

(3) 为了使方框内仍为中性分子的空气分子更容易腾出一个手，应使其变得更接近原子。最简单的办法就是减小方框内空气的压力。

2. 子步骤 2（从理想化的最终结果退后一步）

如果发现组建什么样系统的关键问题是用何种手段获得此系统时，可以运用"从理想化的最终结果后退一步"的方法。其基本方法如下。

◆ 描述需要的技术系统，然后对此技术系统中做最小的改动。

例如：如果理想化的最终结果为两个零件相互接触，那么与"理想化的最终结果"最接近的是指两个零件之间存在间隙（退后了一步）。这将产生一个新的问题（最小问题）：如何消除不足之处（即如何消除零件间的间隙）？

经过退后一步而获得的最小问题通常是比较容易解决的，其解决方案一般也是解决通常问题的方案。

3. 子步骤 3（运用物质跟物质组合后的资源）

在这一步骤中要回答的问题是："运用物质跟物质组合后的资源能否解决问题？"，通常需要注意以下几点。

（1）一般而言，直接采用已有的物质资源而使问题得到解决情况是少见的，最常见的情况是需要引入新的物质，从而导致系统复杂化、产生一些有害的附带问题等。为了避免这种情况的发生，应该充分考虑通过已有物质建立新的物质的可能性，而不是引入新物质。

（2）在简单的情况下，本步骤建议将两种单物质组合成非均质双物质，从而增加可用物质的数量。

4. 子步骤 4（运用空间或空间与物质的组合）

在这一步骤中要回答的问题是："运用空间或空间与物质的组合，能否解决问题？"，即考虑利用空间或物质资源和空间的混合物代替物质资源来解决问题。

【例 9-12】 天文望远镜无线电波接收系统的空间或空间与物质的组合的可能性。

可将低压空气看作是空气与空间的混合物。物理学知识告诉人们：随着空气压力的减小，闪电释放所需的电荷压力也随之减小。

到现在为止，天线问题的完整答案已经揭晓："新型避雷针的特别之处在于：避雷针具有辐射透明性，它是用电解质材料制作的一个密封管道，当闪电形成一个电场时，管道内部的空气压力随着空气中电荷的梯度变化而变化。"

5. 子步骤 5（派生物质资源的运用）

这一步骤中要回答的问题是："运用派生的物质资源能否解决问题？"也就是说，应该考虑使用派生物质资源，或者是派生物质资源和空间的混合物来解决问题。

通常情况下，可以通过改变已有物质资源的相态获得派生的物质资源。如液态物质可派生出固态物质（冰）和气态物质资源；而物质资源的分解也可以是派生的物质资源，如水的派生物质可以为氢和氧，物质分解或燃烧时产生的资源也是派生资源。

在物质资源的运用时，可以将其看作是多级别、多层次的系统。由于处于不同层次的物质具有不同的特点，所以可以被视为不同类型的资源。物质层次由高到低通常可分为：

接受作用的物质(最简单的技术物质,如金属丝)→"超分子"物质(晶格、聚合物、分子组合等)→复杂的分子→分子→部分分子、原子组合→原子→部分原子→基本粒子→场。如果不能直接得到所需要的物质颗粒,可以参考以下几点提示:

方法1:如果不能直接得到物质颗粒,可以考虑对更高级别的物质进行分解以得到所需的物质颗粒(如分解分子得到原子)。

方法2:如果用方法1也不能得到,可以通过对低级别的重组和组合物质颗粒得到(如组合原子得到分子)。

方法3(方法运用提示):对方法1而言,分裂最相近较高层次的"完整的"或"过度的"(负面影响的)粒子更为简单有效;而对于方法2则更应关注如何使最相近较低层次的"不完整"粒子完整起来。

6. 子步骤6(运用电场或两个电场的相互作用)

除了物质以外,场的应用也是可以被考虑的。如通过引入一个电场或两个相互作用的电场来解决问题。

【例9-13】 检验管子强度的一种常用方法是扭绞管子直至破裂。这种方法要求用机械装置将管子夹紧,但夹紧会使管子受机械挤压作用引起管子变形。因此,建议利用电动力在管子上形成一个旋扭转矩。

7. 子步骤7(运用场和对场敏感的物质)

如果现有的物质对设定的场的敏感性不够,可以进一步地放宽资源条件,即引入场和对场敏感的物质,通过运用场和对场敏感的物质来解决问题。例如:磁场和铁;紫外线和发光材料;热场和形状记忆合金;等等。

尽管所耗费的物质资源越少,最小问题的解决方案也越理想。但无论如何,问题的解决才是最关键的,为了得到解决方案,ARIZ并不排斥对现有的物质进行修改或引入新物质,如上述的引入场和对场敏感的物质等。

9.2.5 运用知识库

如果通过上述几部分的工作,创新问题得到了解决(大多数的情况),就可以直接进入原理解的评价;如果仍找不到解决方案,则需进行下面的工作,调动TRIZ知识库积累的所有经验,寻找解决问题的直接方法。基本步骤见表9-5。

表9-5 运用知识库的基本步骤

子步骤1	运用标准解	子步骤3	运用解决物理矛盾的分离方法
子步骤2	运用类似问题方案	子步骤4	运用物理效应

TRIZ知识库包括实例库、效应、分离原理等,对此将不作展开。下面只对有关的应用作简要的说明。

(1) 运用标准解。标准解的运用在上述的多个步骤中已有所体现,而本步骤所关注的主要是如何运用已有的物-场资源而尽量不引入新的物质和场,可以在标准解中发现许多与引入添加物有关的技巧。

(2) 运用类似问题方案。虽然发明问题各式各样,但问题分析后所凸显出的物理矛盾数量却不多，因此可以参考含有类似物理矛盾问题的解决方案。

（3）运用解决物理矛盾的分离方法。可以参考第 5 章。

（4）运用"物理效应库"。可以参考附录 4。

9.2.6 变换或替换问题

经过了上述几步，如果问题仍没有得到解决，情况就变得复杂多了。此时，我们最应该做的工作是重新检查一下我们所定义的问题，看看它是否被正确地定义了。要准确地定义创新问题并不是一件易事，在许多时候，问题解决的过程实际上是问题的修正过程，换个角度思考，进行问题的变换有可能使得创新问题更好地得到解决。问题变换和替代的基本步骤见表 9-6。

表 9-6 运用知识库的基本步骤

子步骤 1	检查问题陈述	子步骤 3	向超系统跃迁以重新陈述最小问题
子步骤 2	变换问题		

1. 子步骤 1（检查问题陈述）

在进行问题替换前，首先要检查在 ARIZ 的第一部分中描述的问题是否是几个问题的组合。如果是，则应该将那些需要立即解决的问题单独列开，依次解决（通常从主要的问题开始着手）。一般情况下，将一个问题分解为几个相关的小问题通常是有助于问题解决的。

【例 9-14】 有两种物体，A（低熔点），B（高熔点）如何使它们紧密结合？

1) 第一次分解

（1）使物体 B 进入 A。

（2）使物体 B 有序地排列在 A 上。

显然，第二个步骤是关键步骤。

2) 进一步分解

（1）将 B 打碎。

（2）使 B 自动形成平面。

最终的问题成为如何使 B 的粉末自动地在 A 上形成平面的问题。可以利用场来完成这一工作。

在问题分解后对各子问题采用 ARIZ 分析方法。当然，如有可能的话也可以利用 TRIZ 的其他原理。

2. 子步骤 2（变换问题）

所谓变换问题，最常见的方法是从两个技术矛盾中选择另一个技术矛盾。在解决检测和测量问题时，选择另外一个技术矛盾常常意味着你应放弃对被测量部分的改进、并试着去改变整个系统，导致测量的需要消失了。

例如：要烘干一批谷物，需要对温度进行检测和控制。变换问题后表述为，不需要检测也能使温度控制在一定的值。对于由检测问题转化的"被改变型"问题，可以提出这样的方案：混入有所需要居里点的颗粒，达到一定温度后电磁加热自动停止。冷却后，颗料恢复磁性，很容易被去除。

3. 子步骤3(向超系统跃迁以重新陈述最小问题)

在没有找到解决方案时的，可以向超系统跃迁并重新陈述最小问题。在有必要时，这种方法可以重复很多次。

例如：要设计矿用防护服，但由于总重量的限制而无法同时满足制冷和呼吸的要求。在向超系统跃迁后问题得到了解决，引入液氧，设计一个密闭式防护服，同时完成了制冷、呼吸装置的功能。起初液氧蒸发保证散热，然后开始用于呼吸。

9.2.7 分析所得的解决方案

本步骤是对已获方案进行评价的步骤，其目的是检查方案的质量。不要太在乎对方案评价所花的时间，两三个小时与获得一个优秀方案相比是微不足道的。主要有以下几方面的工作，见表9-7。

表9-7 分析所得的解决方案

子步骤1	检查方案在物质和场引入上的理想度	子步骤3	通过专利搜索检查方案的新颖性
子步骤2	检查方案对问题解决的完整性和现实性	子步骤4	预估应用方案时可能产生的子问题

1. 子步骤1(检查方案在物质和场引入上的理想度)

本步骤是对方案中所引入的物质和场的考量，主要要回答以下几个问题。

(1) 可以不引入新的物质和场，用已有的物质资源解决问题吗？

(2) 可否用自服务的物质①？

根据对上述问题的不同回答，考虑对得到的方案进行完善的可能性。

2. 子步骤2(检查方案对问题解决的完整性和现实性)

本步骤主要回答以下几个问题。

(1) 得到的方案能否保证实现 IFR1？

(2) 得到的方案消除了哪个物理矛盾？

(3) 改进后的技术系统中是否有至少一个容易控制的组件？是哪个组件？是如何完成控制的？

(4) 得到的方案在问题的实际条件上是否能解决提出的问题？

如果得到的方案不能解决上述问题，需返回9.2.1步。

3. 子步骤3(通过专利搜索检查方案的新颖性)

本步骤的目的就是检查方案的新颖性，从中发现进一步改变的可能性，并为专利申请作准备。

4. 子步骤4(预估应用方案时可能产生的子问题)

本步骤对采用所得方案可能会产生的附带问题，如发明问题、结构问题、成本问题、

---

① 所谓的自服务物质（问题条件中）是指通过外界条件能改变自己物理参数的物质。如：加热铁磁物质超过居里点时，磁性可消失。运用自服务物质时能够改变系统状态或不用设备对系统进行测量。

组织问题等进行分析，其主要目的是防患于未然。

当问题方案通过了所有的检查，接下去的工作是将物理解过渡到技术解，即给出设备原理图及实现该原理的具体方法。

9.2.8 已得方案的运用

对给定的创新问题而言，在完成了上面 7 个部分的工作后任务以然完成。但作为一个开放式系统，TRIZ 对所获得的解决方案提出了更高的要求，即要求它们应该是对某种规律的揭示，并可以被进一步地利用。

ARIZ 第八部分的目的就是尽可能多地运用所得到的解决方案，挖掘其中的潜能，主要包括以下几个方面的考量。

(1) 所得的方案改变了系统，需要检查在此情况下超系统改变的可能性？

(2) 检查已被解决改变了的系统(或超系统)，看它能否用一种新的方式应用？

(3) 对该方案是否可用于解决其他问题进行评判。主要包括以下几个方面工作：①概括地描述所得方案的作用原理；②研究直接利用所得方案解决其他问题的可行性；③将得到方案的原理反过来做，研究得到新原理的可能性；④建立形态表格，如，组件分布、产品的物理状态或应用的场、外界环境的物理状态等，根据表格要求，研究重新得到解决方案的可能性；⑤研究改变系统(或其主要组件)尺寸对所得的原理带来的改变。如果不仅仅是为了解决具体的技术问题，认真地完成①~⑤这些工作，很可能是一种新理论的开始。

9.2.9 方案流程分析

ARIZ 的最后部分(第九部分)是分析解决问题的整个流程，以确定该流程是否适合于其他的问题，具体的分析过程如下。

(1) 将当前问题解决的实际流程和 ARIZ 的理论解决流程作对比；若两者之间存在偏差，则进行记录和分析。其目的是获得现有的 ARIZ 流程是否存在需要改动的可能性的信息。

(2) 将得到的解决方案与 TRIZ 知识库(标准解、创新原理、物理效应)做对比。若知识库中没有该解决方案，就将其加入知识库，使知识库得到扩充。

在进行上述工作时，必须注意的问题是：ARIZ 算法是通过解决问题而得到实践验证的，是具有一定的规律性和普适性的算法。所以，尽管所给出的提议对某个具体问题而言具有较高的贴合性，但如果它有可能加剧对其他问题的求解难度，就不应该被引入。

9.3 几点提示

考虑到篇幅和前后内容协调的问题，本章在介绍 ARIZ85 时作了大幅度的简化，但基本上保持了 ARIZ85 的完整性，读者可以从中体会到 ARIZ 所蕴含的思维方式和思维逻辑。曾经有人说过，要顺利地应用 ARIZ，至少要有 80 小时 TRIZ 的学习经历，所以上述的介绍只能算是粗略的。

创新的方法——TRIZ理论概述

ARIZ包含了TRIZ理论的大多数观点和工具，给出了解决复杂问题的完整流程。但根据TRIZ的成熟度理论，ARIZ还处于婴儿期，现阶段ARIZ的主要问题及改进方向如下。

(1) ARIZ采用了系统化的分析推理过程引导人类的创新思维，应进一步结合其他领域关于问题分析、知识表示、逻辑推理的相关研究成果，完善ARIZ的分析推理决策过程。

(2) 产品设计中会遇到各种形式的问题，要实现解决通用问题，应该提供通用的问题表示及分析方法，并在此基础上划分问题类型分别对待。

(3) 目前的ARIZ比较适用于解决详细设计阶段和改进设计遇到的问题，在概念设计阶段的理论方法仍有待研究。

(4) 需要对包含多个冲突的复杂问题进行进一步的研究。

(5) 改进ARIZ使其应用更加方便，并开展软件实现方法研究。

习题及思考题

1. 在晾衣服时，有时人们不得不在绳子上面打带结(图9.5)，同时保证它能被充分地伸展(如果绳子很粗，在打结后就变弯了)。人们应该提供一种方法，使得绳子很好地被张紧，结也非常牢固。可以运用ARIZ的矛盾分析和理想解工具解决这个问题的方法吗？譬如说，绳索自身将会张紧并具有较强的结(只考虑在一个典型的家庭环境，不需任何复杂的设备)。

2. 没有合适的磨刀器，也不需要任何特殊技能，怎样才能磨利一把剪刀(图9.6)？一个理想的解决方案表述如下：剪刀本身应该提供磨利功能而不需要专用的磨刀器。请制定矛盾，并解决它们。在解决过程中应该考虑到前述的理想解，并选用很容易在家中发现的物品。

图9.5

3. 恶劣的天气常常弄湿我们的鞋子(图9.7)。有时虽然真的需要干的鞋子但却无法更换鞋子。怎样才能在短短10分钟内弄干湿鞋子呢？制定这个问题的最终理想结果：在正常的家庭条件下，不需要任何复杂化的内容，水分将从鞋子内移出，并在10分钟内提供干鞋子。请制定完整的冲突模型，进而提出接近理想效果的解决方案。

图9.6 剪刀

图9.7 鞋子

期 末 作 业

一、寻找发明原理的应用对象。

40 条发明原理的应用实例		
序号	原理名	实例
1	分割	
2	抽取	
3	局部性能	
4	不对称	
5	合并（组合）	
6	通用/普遍性	
7	套装	
8	重量补偿	
9	预加反作用	
10	预操作	
11	预先防范	
12	等势性	
13	反向	
14	曲面化	
15	动态化	
16	未达或作用	
17	维数变化	
18	机械振动	
19	周期性作用	
20	连续性工作	
21	快速动作	
22	变害为益	
23	反馈	
24	中介物	
25	自服务	
26	复制	

续表

40条发明原理的应用实例		
序号	原理名	实例
27	低成本替代	
28	机械系统替代	
29	气动液压结构	
30	柔性壳体	
31	多孔材料	
32	改变颜色	
33	同质性	
34	抛弃与修复	
35	材料性能转换	
36	相态转变	
37	热膨胀	
38	强氧化	
39	惰性环境	
40	复合材料	

二、以一个实例分析自己的感受。每个案例分析不少于1500字，不得抄袭。

参考格式：

1. 现象描述（也可以是问题描述）

表述你所看到的应用实例，或你希望解决的问题。

2. 使用原理

可以是多个原理。需要说明理由和你所理解的过程。

3. 结果分析

分析原理使用后所获得的改进。

4. 结论

给出你对本案例的结论。

附录

附录1　TRIZ理论的40条发明原理

1. 分割(Segmentation)
   A. 将一个问题分解成相互独立的部分。
   B. 使得问题易于分解。
   C. 增加分裂或分割的程度。
2. 抽取(Extraction)
   A. 抽取物体中关键部分(有害或有利)。
3. 局部性能(Location Quality)
   A. 将物体或环境的均匀结构变成不均匀结构。
   B. 使组成物体的不同部分完成不同的功能。
   C. 使组成物体的每一部分都最大限度地发挥作用(材料、性能、功能)。
4. 不对称(Asymmetry)
   A. 将物体的形状由对称变为不对称。
   B. 如已不对称则增加原有的不对称程度。
5. 合并/组合(Combining)
   A. 在空间上将相似的物体连接在一起。
   B. 在时间上合并相似或相连物体。
6. 多用性/普遍性(Universality)
   A. 由一个物体完成多项功能。
7. 套装(Nesting)
   A. 按照次序将一个物体放在另一个内。
   B. 让一个元件穿过另一个元件内。
8. 重量补偿/互消(Counterweight)
   A. 为了补偿一个物体的重量,和其他物体混合以便能提升。
   B. 为了补偿物体的重量,让它和环境相互作用(例如空气动力、水力、浮力或其他力)。
9. 预加反作用(Prior Counteraction)
   A. 如果一个操作必定产生有害作用,应施加反操作以抵消(控制)有害作用的影响。
   B. 在以后要产生拉力的部位,预先在物体上产生压力。

C. 预留收缩量、预留材料损失量。

10. 预操作(Preliminary Action)

A. 操作前预先使物体的局部或全部发生所需变化。

B. 预先对物体进行特殊安排。

11. 预先防范(Beforehand Cushioning)

A. 采用预选准备好的应急措施补偿物体相对较低的可靠性。

12. 等势性(Equipotentiality)

A. 在潜在的领域里限制其位置改变,使工作过程中的对象不需要被升高或降低。

13. 反向(Inversion)

A. 将一个问题中所规定的操作改为相反操作。

B. 使物体中的运动部分静止,静止部分运动。

C. 将物体(或过程)颠倒。

14. 曲面化(Spheroidality - Curvature)

A. 不运用直线或平面部件,而运用曲线或曲面代替。将平面变成球面,将立方体变为球形结构。

B. 运用滚筒、球或螺旋结构。

C. 利用离心力将线性运动变成旋转运动。

15. 动态化(Dynamics)

A. 允许将物体、外部环境或过程的性质改变到最优或最佳操作条件。

B. 将物体分离成相互间能相对运动的元件。

C. 如果物体(或过程)是刚性的或不柔韧的,使其可移。

16. 未达到或超过作用(Partial or Excessive Actions)

A. 如果运用给定解法物体的全部功能很难实现,那么通过同样的方法"增加一点"或"减少一点",也许能获得相对来说较为容易的解法。

17. 维数变化(Moving to a New Dimension)

A. 在二维或三维空间移动物体。

B. 对物体运用多种排列而不是单一排列。

C. 将物体一边平放使其倾斜或改变其方向。

D. 用给定区域的反面。

18. 机械振动(Mechanical Vibration)

A. 让一个物体振动。

B. 增加振动频率(甚至达到超音速)。

C. 运用物体的共振频率。

D. 运用压电振动器而不是机械振动器。

E. 运用超声波和电磁振动。

19. 周期性作用(Periodic Action)

A. 运用周期运动而不是连续运动。

B. 如果已经是周期运动,改变其运动频率。

C. 在两个物脉动的运动之间增加脉动。

20. 连续性工作(Continuity of Useful Action)

A. 连续工作，使物体的所有元件同时满负荷工作。
B. 消除所有空闲或间歇。
C. 用旋转运动代替往复运动。

21. 快速动作(Rushing Through)
A. 以最快的动作完成有害的操作。

22. 变害为益(Convert Harm into Benefit)
A. 运用有害因素，特别是对环境或外界有害的因素，以获得有益效果。
B. 通过增加另一个有害行为以消除预先的有害行为来解决问题。
C. 两有害相结合消除有害。

23. 反馈(Feedback)
A. 引入反馈以改进操作或行为。
B. 如果已经有反馈了，就改变反馈控制信号的大小或灵敏度。

24. 中介物(Mediator)
A. 使用中介物传递某一物体或某一种中间过程。
B. 将一容易移动的物体与另一物体暂时接合。

25. 自服务(Self-service)
A. 通过附加功能物体产生自我服务的功能。
B. 利用废弃的材料、能量和物质。

26. 复制(Copying)
A. 用简单和便宜的复制件，而不用不易获得的、昂贵的、易碎的或不易操作的物体。
B. 用光学复印件代替物体或过程。
C. 如果已有光学复印件，则改用红外线或紫外线复印件。

27. 低成本替代(Dispose)
A. 用一些低成本物体不耐用物体代替昂贵、耐用物体。

28. 机械系统的替代(Replacement of Mechanical Systems)
A. 用视觉、听觉、嗅觉系统代替部分机械系统。
B. 用电场、磁场等完成物体的相互作用。
C. 将固定场变为移动场，将静态场变为动态场。
D. 将铁磁粒子用于场的作用之中。

29. 气动与液压结构(Pneumatics and Hydraulics)
A. 物体的固体零部件可用气动与液压结构代替。

30. 柔性壳体或薄膜(Flexible Shells and Thin Films)
A. 用柔性壳体或薄膜代替传统结构。
B. 使用柔性壳体或薄膜将物体与环境隔离。

31. 多孔材料(Porous Materials)
A. 使物体多孔或通过插入、涂层等增加多孔元素。
B. 如物体已多孔，用这些孔引入有用物质。

32. 改变颜色(Color Changes)
A. 改变物体或外部环境的颜色。
B. 改变物体或其外界环境的透明度。

C. 采用有颜色的添加剂，或发光剂。

33. 同质性（Homogeneity）

A. 采用相同或相似的物质制造与某物体相互作用的物体。

34. 抛弃与修复（Discarding and Recovering）

A. 当一物体完成功能无用时，抛弃或修改；

B. 立即恢复一个物体中所损耗的部分

35. 材料性能转换（Transformation of Properties）

A. 物体物理状态在气态/液态/固态间变化。

B. 改变浓度或密度。

C. 改变物体的柔度。

D. 改变温度。

E. 其他参数。

36. 相态转变（Phase Transitions）

A. 在物质相位变换期间运用现象的改变，例如体积改变、热量损失或吸收等。

37. 热膨胀（Thermal Expansion）

A. 利用材料的热膨胀或热收缩性质。

B. 如果已经运用了热膨胀，就使用不同的热膨胀系数的多种材料。

38. 强氧化（Strong Oxidants）

A. 用富氧空气代替普通空气。

B. 用纯氧气取代富氧空气。

C. 暴露在空气或氧气下，以便离子辐射。

D. 利用氧离子。

E. 用臭氧代替氧离子。

39. 惰性环境（Inert Atmosphere）

A. 用惰性环境代替通常环境。

B. 在某一物体中添加中性元件或惰性物质。

40. 复合材料（Composite Material）

A. 将物质的单一材料改为复合材料。

附录 2　TRIZ 矛盾矩阵

TRIZ 矛盾矩阵

改善参数 \ 恶化参数		1 运动件的重量	2 静止件的重量	3 运动件的长度	4 静止件的长度	5 运动件的面积	6 静止件的面积	7 运动件的体积	8 静止件的体积
1	运动件的重量	×	—	15, 8, 29, 34	—	29, 17, 38, 34	—	29, 2, 40, 28	—
2	静止件的重量	—	×	—	10, 1, 29, 35	—	35, 30, 13, 2	—	5, 35, 14, 2
3	运动件的长度	8, 15, 29, 34	—	×	—	15, 17, 4	—	7, 17, 4, 35	—
4	静止件的长度	—	35, 28, 40, 29	—	×	—	17, 7, 10, 40	—	35, 8, 2, 14
5	运动件的面积	2, 17, 29, 4	—	14, 15, 18, 4	—	×	—	7, 14, 17, 4	—
6	静止件的面积	—	2, 26	30, 2, 14, 18	—	26, 7, 9, 39	×	—	—
7	运动件的体积	29, 40	—	1, 7, 4, 35	—	1, 7, 4, 17	—	×	—
8	静止件的体积	—	35, 10, 19, 14	19, 14	35, 8, 2, 14	—	—	—	×
9	速度	2, 28, 13, 28	—	13, 14, 8	—	29, 30, 34	—	7, 29, 34	—
10	力	8, 1, 37, 18	18, 13, 1, 28	17, 19, 9, 36	28, 10	19, 10, 15	1, 18, 36, 37	15, 9, 12, 37	2, 36, 18, 37
11	应力或压力	10, 36, 37, 40	13, 29, 10, 18	35, 10, 36	35, 1, 14, 16	10, 15, 36, 28	10, 15, 36, 37	6, 35, 10	35, 24
12	形状	8, 10, 29, 40	15, 10, 26, 3	29, 34, 5, 4	13, 14, 10, 7	5, 34, 4, 10	—	14, 4, 15, 22	7, 2, 35
13	结构的稳定性	21, 35, 2, 39	26, 39, 1, 40	13, 15, 1, 28	37	2, 11, 13	39	28, 10, 19, 39	34, 28, 35, 40
14	强度	1, 8, 40, 15	40, 26, 27, 1	1, 15, 8, 35	15, 14, 28, 26	3, 34, 40, 29	9, 40, 28	10, 15, 14, 7	9, 14, 17, 15
15	运动件作用时间	19, 5, 34, 31	—	2, 19, 9	—	3, 17, 19	—	10, 2, 19, 30	—
16	静止件作用时间	—	6, 27, 19, 16	—	1, 40, 35	—	—	—	35, 34, 38
17	温度	36, 22, 6, 38	22, 35, 32	15, 19, 9	15, 19, 9	3, 35, 39, 18	35, 38	34, 39, 40, 18	35, 6, 4
18	光照强度	19, 1, 32	2, 35, 32	19, 32, 16	—	19, 32, 26	—	2, 13, 10	—
19	运动件的能量	12, 18, 28, 31	—	12, 28	—	15, 19, 25	—	35, 13, 18	—
20	静止件的能量	—	19, 9, 6, 27	—	—	—	—	—	—

（续）

恶化参数 改善参数		9 速度	10 力	11 应力或压力	12 形状	13 结构的稳定性	14 强度	15 运动物体作用时间	16 静止物体作用时间
1	运动件的重量	2, 8, 15, 38	8, 10, 18, 37	10, 36, 37, 40	10, 14, 35, 40	1, 35, 19, 39	28, 27, 18, 40	5, 34, 31, 35	—
2	静止件的重量	—	8, 10, 19, 35	13, 29, 10, 18	13, 10, 2914	26, 39, 1, 40	28, 2, 10, 27	—	2, 27, 19, 6
3	运动件的长度	13, 4, 8	17, 10, 4	1, 8, 35	1, 8, 10, 29	1, 8, 15, 34	8, 35, 29, 34	19	—
4	静止件的长度	—	28, 10	1, 14, 35	13, 14, 15, 7	39, 37, 35	15, 14, 28, 26	—	1, 10, 35
5	运动件的面积	29, 30, 4, 34	19, 30, 35, 2	10, 15, 36, 28	5, 35, 29, 4	11, 2, 13, 39	3, 15, 40, 14	6, 3	—
6	静止件的面积	—	1, 18, 35, 36	10, 15, 36, 37	—	2, 38	40	—	2, 10, 19, 30
7	运动件的体积	29, 4, 38, 34	15, 35, 36, 37	6, 35, 36, 37	1, 15, 29, 4	28, 10, 1, 39	9, 14, 15, 7	6, 35, 4	—
8	静止件的体积	—	2, 18, 37	24, 35	7, 2, 35	34, 28, 35, 40	9, 14, 27, 15	—	35, 4, 28
9	速度	×	13, 28, 15, 19	6, 18, 38, 40	35, 15, 18, 34	28, 33, 1, 18	8, 3, 26, 14	3, 19, 35, 5	—
10	力	13, 28, 15, 12	×	18, 21, 11	10, 35, 40, 34	35, 10, 21	35, 10, 14, 27	19, 2	—
11	应力或压力	6, 35, 36	36, 35, 21	×	35, 4, 15, 10	35, 33, 2, 40	9, 18, 3, 40	19, 3, 27	—
12	形状	35, 15, 34, 18	35, 10, 37, 40	34, 15, 10, 14	×	33, 1, 18, 4	30, 14, 10, 40	14, 26, 9, 25	—
13	结构的稳定性	33, 15, 28, 18	10, 35, 21, 16	2, 35, 40	22, 1, 18, 4	×	17, 9, 16	13, 27, 10, 35	39, 3, 35, 23
14	强度	8, 13, 26, 14	10, 18, 3, 14	10, 3, 18, 40	10, 30, 35, 40	13, 17, 35	×	27, 3, 26	—
15	运动件作用时间	3, 35, 5	19, 2, 16	19, 3, 27	14, 26, 28, 25	13, 3, 35	27, 3, 10	×	—
16	静止件作用时间	—	—	—	—	39, 3, 35, 23	—	—	×
17	温度	2, 28, 36, 30	35, 10, 3, 21	35, 39, 19, 2	14, 22, 19, 32	1, 35, 32	10, 30, 22, 40	19, 13, 39	19, 18, 36, 40
18	光照强度	10, 13, 19	26, 19, 6	—	32, 30	32, 3, 27	35, 19	2, 19, 6	—
19	运动件的能量	8, 35	16, 26, 21, 2	23, 14, 25	12, 2, 29	19, 13, 17, 24	5, 19, 9, 35	28, 35, 6, 18	—
20	静止件的能量	—	36, 37	—	—	27, 4, 29, 18	35	—	—

（续）

恶化参数 / 改善参数		17 温度	18 光照度	19 运动物体的能量	20 静止物体的能量	21 功率	22 能量损失	23 物质损失	24 信息损失
1	运动件的重量	6, 29, 4, 38	19, 1, 32	35, 12, 34, 31	—	12, 36, 18, 31	6, 2, 34, 19	5, 35, 3, 31	10, 24, 35
2	静止件的重量	28, 19, 32, 22	19, 32, 35	—	18, 19, 28, 1	15, 19, 18, 22	18, 19, 28, 15	5, 8, 13, 30	10, 15, 35
3	运动件的长度	10, 15, 19	32	8, 35, 24	—	1, 35	7, 2, 35, 39	4, 29, 23, 10	1, 24
4	静止件的长度	3, 35, 38, 18	3, 25	—	—	12, 8	6, 28	10, 28, 24, 35	24, 26
5	运动件的面积	2, 15, 16	15, 32, 19, 13	19, 32	—	19, 10, 32, 18	15, 17, 30, 26	10, 25, 2, 39	30, 26
6	静止件的面积	35, 39, 38	—	—	—	17, 32	17, 7, 30	10, 14, 18, 39	30, 16
7	运动件的体积	34, 39, 10, 18	2, 13, 10	35	—	35, 6, 13, 18	7, 15, 13, 16	36, 39, 34, 10	2, 22
8	静止件的体积	25, 6, 4	—	—	—	30, 6	—	10, 29, 35, 34	—
9	速度	28, 30, 36, 2	10, 13, 19	8, 15, 35, 38	—	19, 35, 38, 2	14, 20, 19, 35	10, 13, 28, 38	13, 26
10	力	35, 10, 21	—	19, 17, 10	1, 16, 36, 37	19, 35, 18, 37	14, 15	8, 35, 40, 5	—
11	应力或压力	35, 39, 19, 2	—	14, 24, 10, 37	—	10, 35, 14	2, 36, 5	10, 36, 4, 37	—
12	形状	22, 14, 19, 32	13, 15, 32	2, 6, 34, 14	—	4, 6, 2	14	35, 29, 3, 5	—
13	结构的稳定性	35, 1, 32	32, 3, 27, 16	13, 19	27, 1, 29, 18	32, 35, 27, 31	14, 2, 39, 6	2, 14, 30, 40	—
14	强度	30, 10, 40	35, 19	19, 35, 10	35	10, 26, 35, 28	35	35, 28, 31, 40	—
15	运动件作用时间	19, 35, 39	2, 19, 4, 35	28, 6, 35, 18	—	19, 10, 35, 38	—	38, 27, 3, 18	10
16	静止件作用时间	19, 18, 36, 40	—	—	—	16	—	27, 16, 18, 38	10
17	温度	✕	32, 30, 21, 16	19, 15, 3, 17	—	2, 14, 17, 25	21, 17, 35, 38	21, 36, 29, 31	—
18	光照强度	32, 35, 19	✕	32, 1, 19	32, 35, 1, 15	32	13, 16, 1, 6	13, 1	1, 6
19	运动件的能量	19, 24, 2, 14	2, 15, 19	✕	—	1222, 15, 24	12, 22, 15, 24	35, 24, 18, 5	—
20	静止件的能量	—	19, 2, 35, 32	—	✕	—	—	28, 27, 18, 31	—

(续)

改善参数\恶化参数		25 时间损失	26 物质或事物的数量	27 可靠性	28 测试精度	29 制造精度	30 作用物体的有害因素	31 物体产生的有害因素	32 可制造性
1	运动件的重量	10, 35, 20, 28	3, 26, 27, 31	1, 3, 11, 27	28, 27, 35, 26	28, 35, 26, 18	22, 21, 18, 27	22, 35, 31, 39	27, 28, 1, 36
2	静止件的重量	10, 20, 35, 26	19, 6, 18, 26	10, 28, 8, 3	18, 26, 28	10, 1, 35, 17	2, 19, 22, 37	35, 22, 1, 39	28, 1, 9
3	运动件的长度	15, 2, 29	29, 35	10, 14, 29, 40	28, 32, 4	10, 28, 29, 37	1, 15, 17, 24	17, 15	1, 29, 17
4	静止件的长度	30, 29, 14	—	15, 29, 28	32, 28, 3	2, 32, 10	1, 18	—	15, 17, 27
5	运动件的面积	26, 4	29, 30, 6, 13	29, 9	26, 28, 32, 3	2, 32	22, 33, 28, 1	17, 2, 18, 39	13, 1, 26, 24
6	静止件的面积	10, 35, 4, 18	2, 18, 40, 4	32, 35, 40, 4	26, 28, 32, 3	2, 29, 18, 36	27, 2, 39, 35	22, 1, 40	40, 16
7	运动件的体积	2, 6, 34, 10	29, 30, 7	14, 1, 40, 11	25, 26, 28	25, 28, 2, 16	22, 21, 27, 35	17, 2, 40, 1	29, 1, 40
8	静止件的体积	35, 16, 32, 18	35, 3	2, 35, 16	—	35, 10, 25	34, 39, 19, 27	30, 18, 35, 4	35
9	速度	—	10, 19, 28, 38	11, 35, 27, 28	28, 32, 1, 24	10, 28, 32, 25	1, 28, 35, 23	2, 24, 35, 21	35, 13, 8, 1
10	力	10, 37, 36	14, 29, 18, 36	3, 35, 13, 21	35, 10, 23, 24	28, 29, 37, 36	1, 25, 40, 18	13, 3, 36, 24	15, 37, 18, 1
11	应力或压力	37, 36, 4	10, 14, 36	10, 13, 19, 35	6, 28, 25	3, 35	22, 2, 37	2, 33, 27, 18	1, 35, 16
12	形状	14, 10, 34, 17	36, 22	10, 40, 16	28, 32, 1	32, 30, 40	22, 1, 2, 35	35, 1	1, 32, 17, 28
13	结构的稳定性	35, 27	15, 32, 35	—	13	18	35, 24, 30, 18	35, 40, 27, 39	35, 19
14	强度	29, 3, 28, 10	29, 10, 27	11, 3	3, 27, 16	3, 17	18, 35, 37, 1	15, 35, 22, 2	11, 3, 10, 32
15	运动件作用时间	20, 10, 28, 18	3, 35, 10, 40	11, 2, 13	3	3, 27, 16, 40	22, 15, 33, 28	21, 39, 16, 22	27, 1, 4
16	静止件作用时间	28, 20, 10, 16	3, 35, 31	34, 27, 6, 40	10, 26, 24	—	17, 1, 40, 33	22	35, 10
17	温度	35, 28, 21, 18	3, 17, 30, 39	19, 35, 3, 10	32, 19, 24	24	22, 33, 35, 2	22, 35, 2, 24	26, 27
18	光照强度	19, 1, 26, 17	1, 19	—	11, 15, 32	3, 32	15, 19	35, 19, 32, 39	19, 35, 28, 26
19	运动件的能量	35, 38, 19, 18	34, 23, 16, 18	19, 21, 11, 27	3, 1, 32	—	1, 35, 6, 27	2, 35, 6	28, 26, 30
20	静止件的能量	—	3, 35, 31	10, 36, 23	—	—	10, 2, 22, 37	19, 22, 18	1, 4

(续)

恶化参数 改善参数		33 可操作性	34 可维修性	35 适应性及多用性	36 装置的复杂性	37 监控与测试的困难性	38 自动化程度	39 生产率
1	运动件的重量	35, 3, 2, 24	2, 27, 28, 11	29, 5, 15, 8	26, 30, 36, 34	28, 29, 26, 32	26, 35, 18, 19	35, 3, 24, 37
2	静止件的重量	6, 13, 1, 32	2, 27, 28, 11	19, 15, 29	1, 10, 26, 39	25, 28, 17, 15	2, 26, 35	1, 28, 15, 35
3	运动件的长度	15, 29, 35, 4	1, 28, 10	14, 15, 1, 16	1, 19, 26, 24	35, 1, 26, 24	17, 24, 26, 16	14, 4, 28, 29
4	静止件的长度	2, 25	3	1, 35	1, 26	26		30, 14, 7, 26
5	运动件的面积	15, 17, 13, 16	15, 13, 10, 1	15, 30	14, 1, 13	2, 36, 30, 18	14, 30, 28, 23	10, 26, 24, 2
6	静止件的面积	16, 4	16,	15, 16	1, 18, 36	2, 35, 30, 18	23	10, 15, 17, 7
7	运动件的体积	25, 13, 30, 12	10	15, 29	26, 1	29, 26, 4	35, 34, 16, 24	10, 6, 2, 34
8	静止件的体积	—	1		1, 31	2, 17, 26	—	35, 37, 10, 2
9	速度	32, 28, 13, 12	34, 2, 13, 12	15, 10, 26	10, 28, 4, 34	3, 34, 27, 16	10, 18	—
10	力	1, 28, 3, 25	15, 1, 11	15, 17, 18, 20	26, 35, 10, 18	36, 37, 10, 19	2, 35	3, 28, 35, 37
11	应力或压力	11	2	35	19, 1, 35	2, 36, 37	35, 24	10, 14, 35, 37
12	形状	32, 15, 26	2, 13, 1	1, 15, 29	16, 29, 1, 28	15, 13, 39	15, 1, 32	17, 26, 34, 10
13	结构的稳定性	32, 35, 30	2, 35, 10, 16	35, 30, 34, 2	2, 35, 22, 26	35, 22, 39, 23	1, 8, 35	23, 35, 40, 3
14	强度	32, 40, 25, 2	27, 11, 3	15, 3, 32	2, 13, 25, 28	27, 3, 15, 40	15	29, 35, 10, 14
15	运动件作用时间	12, 27	29, 10, 27	1, 35, 13	10, 4, 29, 15	19, 29, 39, 35	6, 10	35, 17, 14, 19
16	静止件作用时间	1	1	2	—	25, 34, 6, 35	1	20, 10, 16, 38
17	温度	26, 27	4, 10, 16	2, 18, 27	2, 17, 16	3, 27, 35, 31	26, 2, 19, 16	15, 28, 35
18	光照强度	28, 26, 19	15, 17, 13, 16	15, 1, 19	6, 32, 13	32, 15	2, 26, 10	2, 25, 16
19	运动件的能量	19, 35	1, 15, 17, 28	15, 17, 13, 16	2, 29, 27, 28	35, 38	32, 2	12, 28, 35
20	静止件的能量	—	—		19, 35, 16, 25		—	1, 6

(续)

改善参数 \ 恶化参数		1 运动件的重量	2 静止件的重量	3 运动件的长度	4 静止件的长度	5 运动件的面积	6 静止件的面积	7 运动件的体积	8 静止件的体积
21	功率	8, 36, 38, 31	19, 26, 17, 27	1, 10, 35, 37	—	19, 38	17, 32, 13, 38	35, 6, 38	30, 6, 25
22	能量损失	15, 6, 19, 28	19, 6, 18, 9	7, 2, 6, 13	6, 38, 7	15, 26, 17, 30	17, 7, 30, 18	7, 18, 23	7
23	物质损失	35, 6, 23, 40	35, 6, 22, 32	14, 29, 10, 39	10, 28, 24	35, 2, 10, 31	10, 18, 39, 31	1, 29, 30, 36	3, 39, 18, 31
24	信息损失	10, 24, 35	10, 35, 5	1, 26	26	30, 26	30, 16	—	2, 22
25	时间损失	10, 20, 37, 35	10, 20, 26, 5	15, 2, 29	30, 24, 14, 5	26, 4, 5, 16	10, 35, 17, 4	2, 5, 34, 10	35, 16, 32, 18
26	物质数量增加	35, 6, 18, 31	27, 26, 18, 35	29, 14, 35, 18	—	15, 14, 29	2, 18, 40, 4	15, 20, 29	—
27	可靠性	3, 8, 10, 4	3, 10, 8, 28	15, 9, 14, 4	15, 29, 28, 11	17, 10, 14, 16	32, 35, 40, 4	2, 35, 24	2, 35, 24
28	测试精度	32, 25, 26, 28	28, 35, 25, 26	28, 26, 5, 16	32, 28, 3, 16	26, 28, 32, 3	26, 28, 32, 3	32, 13, 6	—
29	制造精度	28, 32, 13, 18	28, 35, 27, 9	10, 28, 29, 37	2, 32, 10	28, 33, 29, 32	2, 29, 18, 36	32, 23, 2	25, 10, 35
30	作用物体的有害因素	22, 21, 27, 39	2, 22, 13, 24	17, 1, 39, 4	1, 18	22, 1, 33, 28	27, 239, 35	22, 23, 37, 35	34, 39, 19, 27
31	物体产生的有害因素	19, 22, 15, 39	35, 22, 1, 39	17, 15, 16, 22	—	17, 2, 18, 39	22, 1, 40	17, 2, 40	30, 18, 35, 4
32	可制造性	28, 29, 15, 16	1, 27, 36, 13	1, 29, 13, 17	15, 17, 27	13, 1, 26, 12	16, 40	13, 29, 1, 40	35
33	可操作性	25, 2, 13, 15	6, 13, 1, 25	1, 17, 13, 12	—	1, 17, 13, 16	18, 16, 15, 29	1, 16, 35, 15	4, 18, 39, 31
34	可维修性	2, 27, 35, 11	2, 27, 35, 11	1, 28, 10, 25	3, 18, 31	15, 13, 32	16, 25	25, 2, 35, 11	1
35	适应性或多用性	1, 6, 15, 8	19, 15, 29, 16	35, 1, 29, 2	1, 35, 16	35, 30, 29, 7	15, 16	15, 35, 29	—
36	装置的复杂性	26, 30, 34, 36	2, 26, 35, 39	1, 19, 26, 24	26	14, 1, 13, 16	6, 36	34, 26, 6	1, 16
37	测控的复杂性	27, 26, 28, 13	6, 13, 28, 1	16, 17, 26, 24	26	2, 13, 18, 17	2, 39, 30, 16	29, 1, 4, 16	2, 18, 26, 31
38	自动化程度	28, 26, 18, 35	28, 26, 35, 10	14, 13, 17, 28	23	17, 14, 13	—	35, 13, 16	—
39	生产率	35, 26, 24, 37	28, 27, 15, 3	18, 4, 28, 38	30, 7, 14, 26	10, 26, 34, 31	10, 35, 17, 7	2, 6, 34, 10	35, 37, 10, 2

（续）

恶化参数 改善参数		9 速度	10 力	11 应力或压力	12 形状	13 结构的稳定性	14 强度	15 运动物体作用时间	16 静止物体作用时间
21	功率	15, 35, 2	26, 2, 36, 35	22, 10, 33	29, 14, 2, 40	35, 32, 15, 31	26, 10, 28	19, 35, 10, 38	10
22	能量损失	16, 35, 38	36, 38	—	—	14, 2, 39, 6	16	—	—
23	物质损失	10, 13, 28, 38	14, 15, 18, 40	3, 36, 37, 10	39, 35, 3, 5	3, 14, 30, 40	35, 28, 31, 40	28, 27, 3, 18	27, 16, 18, 38
24	信息损失	26, 32	—	—	—	—	—	10	10
25	时间损失	—	10, 37, 36, 5	37, 36, 4	4, 10, 34, 17	35, 3, 22, 5	29, 3, 28, 18	20, 10, 28, 18	28, 20, 10, 16
26	物质数量增加	35, 29, 34, 28	35, 14, 3	10, 36, 14, 3	35, 14	15, 2, 17, 40	14, 35, 34, 10	3, 35, 10, 40	3, 35, 31
27	可靠性	21, 35, 11, 28	8, 28, 10, 3	10, 24, 35, 19	35, 1, 16, 11	—	11, 28	2, 35, 3, 25	34, 27, 6, 40
28	测试精度	28, 13, 32, 24	32, 2	6, 28, 32	6, 28, 32	32, 35, 13	28, 6, 32	28, 6, 32	10, 36, 24
29	制造精度	10, 28, 32	28, 19, 34, 36	3, 35	32, 30, 40	30, 18	3, 27	3, 27, 40	—
30	作用物体的有害因素	21, 22, 35, 28	13, 35, 29, 28	22, 2, 37	22, 1, 3, 35	35, 24, 30, 18	18, 35, 37, 1	22, 15, 33, 28	17, 1, 40, 33
31	物体产生的有害因素	35, 28, 3, 23	35, 28, 1, 40	2, 33, 27, 18	35, 1	35, 40, 27, 39	15, 35, 22, 2	15, 22, 33, 31	21, 39, 16, 22
32	可制造性	35, 13, 8, 1	35, 12	35, 19, 1, 37	1, 28, 13, 27	11, 13, 1	1, 3, 10, 32	27, 1, 4	35, 16
33	可操作性	18, 13, 34	28, 13, 35	2, 32, 12	15, 34, 29, 28	32, 35, 30	32, 40, 3, 28	29, 3, 8, 25	1, 16, 25
34	可维修性	34, 9	1, 11, 10	13	1, 13, 2, 4	2, 35	11, 1, 2, 9	11, 29, 28, 27	1
35	适应性或多用性	35, 10, 14	15, 17, 20	35, 16	15, 37, 1, 8	35, 30, 14	35, 3, 32, 6	13, 1, 35	2, 16
36	装置的复杂性	34, 10, 28	26, 16	19, 1, 35	29, 13, 28, 15	2, 22, 17, 19	2, 13, 18	10, 4, 28, 15	—
37	测控的复杂性	3, 4, 16, 35	30, 28, 40, 19	35, 36, 37, 32	27, 13, 1, 39	11, 22, 39, 30	27, 3, 15, 28	19, 29, 39, 25	25, 34, 6, 35
38	自动化程度	28, 10	2, 35	13, 25	15, 32, 1, 13	18, 1	25, 13	6, 9	—
39	生产率	—	28, 15, 10, 36	10, 37, 14	14, 10, 34, 40	35, 3, 22, 39	29, 28, 10, 18	35, 10, 2, 18	20, 10, 16, 38

(续)

改善参数 \ 恶化参数		17 温度	18 光照度	19 运动物体的能量	20 静止物体的能量	21 功率	22 能量损失	23 物质损失	24 信息损失
21	功率	2, 14, 17, 25	16, 6, 19	16, 6, 19, 37	✕		10, 35, 38	28, 27, 18, 38	10, 19
22	能量损失	19, 38, 7	1, 13, 32, 15	—	—	3, 38	✕	35, 27, 2, 37	19, 10
23	物质损失	21, 36, 39, 31	1, 6, 13	35, 18, 24, 5	28, 27, 12, 31	28, 27, 18, 38	35, 27, 2, 31	✕	—
24	信息损失	—	19	—	—	10, 19	19, 10	—	✕
25	时间损失	35, 29, 21, 18	1, 19, 26, 17	35, 38, 19, 18	1	35, 20, 10, 6	10, 5, 18, 32	35, 18, 10, 39	24, 26, 28, 32
26	物质数量增加	3, 17, 39	—	34, 29, 16, 18	3, 35, 31	35	7, 18, 25	6, 3, 10, 24	24, 28, 35
27	可靠性	3, 35, 10	11, 32, 13	21, 11, 27, 19	26, 23	21, 11, 26, 31	10, 11, 35	10, 35, 29, 39	10, 28
28	测试精度	6, 19, 28, 24	6, 1, 32	3, 6, 32		3, 6, 32	26, 32, 27	10, 16, 31, 28	—
29	制造精度	19, 26	3, 32	32, 2	—	32, 2		13, 32, 2	35, 31, 10, 24	—
30	作用物体的有害因素	22, 33, 35, 2	1, 19, 32, 13	1, 24, 6, 27	10, 2, 22, 37	19, 22, 31, 2	21, 22, 35, 2	33, 22, 19, 40	22, 10, 2
31	物体产生的有害因素	22, 35, 2, 24	19, 24, 39, 32	2, 35, 6	19, 22, 18	2, 35, 18	21, 35, 2, 22	10, 1, 34	10, 21, 29
32	可制造性	27, 26, 18	28, 24, 27, 1	28, 26, 27, 1	1, 4	27, 1, 12, 24	19, 35	15, 34, 33	32, 24, 18, 16
33	可操作性	26, 27, 13	13, 17, 1, 24	1, 13, 24	—	35, 34, 2, 10	2, 19, 13	28, 32, 2, 24	4, 10, 27, 22
34	可维修性	4, 10	15, 1, 13	15, 1, 28, 16		15, 10, 32, 2	15, 1, 32, 19	2, 35, 34, 27	—
35	适应性或多用性	27, 2, 3, 35	6, 22, 26, 1	19, 35, 29, 13		19, 1, 29	18, 15, 1	15, 10, 2, 13	—
36	装置的复杂性	2, 17, 13	24, 17, 13	27, 2, 29, 28	—	20, 19, 30, 34	10, 35, 13, 2	35, 10, 28, 29	—
37	测控的复杂性	3, 27, 35, 16	2, 24, 26	35, 38	19, 35, 16	18, 1, 16, 10	35, 3, 15, 19	1, 18, 10, 24	35, 33, 27, 22
38	自动化程度	26, 2, 19	8, 32, 19	2, 32, 13		28, 2, 27	23, 28	35, 10, 18, 5	35, 33
39	生产率	35, 21, 19, 1	26, 17, 19, 1	35, 10, 38, 19	1	35, 20, 10	28, 10, 35, 23	28, 10, 35, 23	13, 15, 23

（续）

	恶化参数 改善参数	25 时间损失	26 物质或事物的数量	27 可靠性	28 测试精度	29 制造精度	30 作用物体的有害因素	31 物体产生的有害因素	32 可制造性
21	功率	35, 20, 10, 6	4, 34, 19	19, 24, 26, 31	32, 15, 2	32, 2	19, 22, 31, 2	2, 35, 18	26, 10, 34
22	能量损失	10, 18, 32, 7	7, 18, 25	11, 10, 35	32	—	21, 22, 35, 2	21, 35, 2, 22	—
23	物质损失	15, 18, 35, 10	6, 3, 10, 24	10, 29, 39, 35	16, 34, 31, 28	35, 10, 24, 31	33, 22, 30, 40	10, 1, 34, 29	15, 34, 33
24	信息损失	24, 26, 28, 32	24, 28, 35	10, 28, 23	—	—	22, 10, 1	10, 21, 22	32
25	时间损失	×	35, 38, 18, 16	10, 30, 4	24, 34, 28, 32	24, 26, 28, 18	35, 18, 34	35, 22, 18, 39	35, 28, 34, 4
26	物质数量增加	35, 38, 18, 16	×	18, 3, 28, 40	13, 2, 28	33, 30	35, 33, 29, 31	3, 35, 40, 39	29, 1, 35, 27
27	可靠性	10, 30, 4	21, 28, 40, 3	×	32, 3, 11, 23	11, 32, 1	27, 35, 2, 40	35, 2, 40, 26	—
28	测试精度	24, 34, 28, 32	2, 6, 32	5, 11, 1, 23	×	—	28, 24, 22, 26	3, 33, 39, 10	6, 35, 25, 18
29	制造精度	32, 26, 28, 18	32, 30	11, 32, 1	—	×	26, 28, 10, 36	4, 17, 34, 26	—
30	作用物体的有害因素	35, 18, 34	35, 33, 29, 31	27, 24, 2, 40	28, 33, 23, 26	26, 28, 10, 18	×	—	24, 35, 2
31	物体产生的有害因素	1, 22	3, 24, 39, 1	24, 2, 40, 39	3, 33, 26	4, 17, 34, 26	—	×	—
32	可制造性	35, 28, 34, 4	35, 23, 1, 24	—	1, 35, 12, 18	—	24, 2	—	×
33	可操作性	4, 28, 34, 4	12, 35	17, 27, 8, 40	25, 13, 2, 34	1, 32, 35, 23	2, 25, 28, 39	—	2, 5, 12
34	可维修性	32, 1, 10, 25	2, 28, 10, 25	11, 10, 1, 16	10, 2, 13	25, 10	35, 10, 2, 16	—	1, 35, 11, 10
35	适应性或多用性	35, 28	3, 35, 15	35, 13, 8, 24	35, 5, 1, 10	—	35, 11, 32, 31	—	1, 13, 31
36	装置的复杂性	6, 29	13, 3, 27, 10	13, 35, 1	2, 26, 10, 34	26, 24, 32	22, 19, 29, 40	19, 1	27, 26, 1, 13
37	测控的复杂性	18, 28, 32, 9	3, 27, 29, 18	27, 40, 28, 8	26, 24, 32, 28	—	22, 19, 29, 28	2, 21	5, 28, 11, 29
38	自动化程度	24, 28, 35, 30	35, 13	11, 27, 32	28, 26, 10, 34	28, 26, 18, 23	2, 33	2	1, 26, 13
39	生产率	—	35, 38	1, 35, 10, 38	1, 10, 34, 28	18, 10, 32, 1	22, 35, 13, 24	35, 22, 18, 39	35, 28, 2, 24

（续）

改善参数 \ 恶化参数		33 可操作性	34 可维修性	35 适应性及多用性	36 装置的复杂性	37 监控与测试的困难性	38 自动化程度	39 生产率
21	功率	26, 35, 10	35, 2, 10, 34	19, 17, 34	20, 19, 30, 34	19, 35, 16	28, 2, 17	28, 35, 34
22	能量损失	35, 32, 1	2, 19	—	7, 23	35, 3, 15, 23	2	28, 10, 29, 35
23	物质损失	32, 28, 2, 24	2, 35, 34, 27	15, 1, 2	35, 10, 28, 24	35, 18, 10, 13	35, 10, 18	28, 35, 10, 23
24	信息损失	27, 22	—	—	—	35, 33	35	13, 23, 15
25	时间损失	4, 28, 10, 34	32, 1, 10	35, 28	6, 29	18, 28, 32, 10	24, 28, 35, 30	—
26	物质数量增加	35, 29, 25, 10	2, 32, 10, 25	15, 3, 29	3, 13, 27, 10	3, 27, 29, 18	8, 35	13, 29, 3, 27
27	可靠性	27, 17, 40	1, 11	13, 35, 8, 24	13, 35, 1	27, 40, 28	11, 13, 27	1, 35, 29, 38
28	测试精度	1, 13, 17, 34	1, 32, 13, 11	13, 35, 2	27, 35, 10, 34	26, 24, 32, 28	28, 2, 10, 34	10, 34, 28, 32
29	制造精度	1, 32, 35, 23	25, 10	—	26, 2, 18	—	26, 28, 18, 23	10, 18, 32, 39
30	作用物体的有害因素	2, 25, 28, 39	35, 10, 2	35, 11, 22, 31	22, 19, 29, 40	22, 19, 29, 40	33, 3, 34	22, 35, 13, 24
31	物体产生的有害因素	—	—	—	19, 1, 31	2, 21, 27, 1	2	22, 35, 18, 39
32	可制造性	2, 5, 13, 16	35, 1, 11, 9	2, 13, 15	27, 26, 1	6, 28, 11, 1	8, 28, 1	35, 1, 10, 28
33	可操作性	✕	12, 26, 1, 32	15, 34, 1, 16	32, 26, 12, 17	—	1, 34, 12, 3	15, 1, 28
34	可维修性	1, 12, 26, 15	✕	7, 1, 4, 16	35, 1, 13, 11	—	34, 35, 7, 14	1, 32, 10
35	适应性或多用性	15, 34, 1, 16	1, 16, 7, 4	✕	15, 29, 37, 28	1	27, 34, 35	35, 28, 6, 37
36	装置的复杂性	27, 9, 26, 24	1, 13	29, 15, 28, 37	✕	15, 10, 37, 28	15, 1, 24	12, 17, 28
37	测控的复杂性	2, 5	12, 26	1, 15	15, 10, 37, 28	✕	34, 21	35, 18
38	自动化程度	1, 12, 34, 3	1, 35, 13	27, 4, 1, 35	15, 24, 10	34, 27, 25	✕	5, 12, 35, 26
39	生产率	1, 28, 7, 10	1, 32, 10, 25	1, 35, 28, 37	12, 17, 28, 24	35, 18, 27, 2	5, 12, 35, 26	✕

附录3 76个标准解

附表3-1 标准解分类及基本含义

第一级解法	物质-场系统的构建和拆建	构建物质场	1	引入缺失元素完善物-场模型
			2	系统内部引入添加物以强化物-场模型
			3	增加系统外部添加物强化物-场模型
			4	利用外界资源作为外部或内部添加物强化物-场模型
			5	修正或改变系统所处的环境以强化物-场模型
			6	应用微小量控制规则以增强物-场的可控性
			7	应用最大量控制规则以提高物-场的安全性
			8	有选择性的最大模式
		拆建物质场	9	引入新物质以消除有害效应
			10	引入改进的 S1 和 S2 以消除有害效应
			11	切断有害作用
			12	添加场以抵消有害作用
			13	切除磁影响
第2级解法	改变物质-场	转换到复杂物质-场	14	采用链式(串联)物质-场模型
			15	双物质-场(并联)模型
		加强物质场	16	用更易控制的场代替原先难控制的场
			17	细化工具
			18	使用毛细管和多孔物质
			19	增强系统的灵活性或适应性
			20	增加场的结构化以强化物-场模型
			21	增加物质的结构化以强化物-场模型
		适应(匹配)节律以强化场	22	使场和物质的频率匹配或不匹配
			23	使场 F1 和场 F2 的节奏匹配
			24	匹配矛盾或预先独立的行为
		转变到物质磁场系统	25	在系统中预先添加铁磁材料或磁场
			26	铁-场模型
			27	利用磁性液体强化铁-场模型
			28	在铁-场模型中应用毛细管结构

(续)

第2级解法	改变物质-场	转变到物质磁场系统	29	合成铁-场模型
			30	利用环境构建铁-场模型
			31	运用自然现象和效应
			32	运用动态的、可变的或能自我调整的磁场
			33	通过引入铁磁微粒改变材料的结构，然后运用磁场移动微粒
			34	在铁-场模型中进行节奏匹配
			35	运用电流而不是运用磁性微粒产生磁场
			36	采用电流变流体
第3级解法	转变到超系统或微观水平	转变到双系统或多系统	37	创造二级或多级系统
			38	改进二级或多级系统的连接
			39	增大元件之间的差别
			40	简化二级或多级系统
			41	转换系统使系统的整体和部分具有相反特性
		转换至微观水平	42	通过向微观水平级改变实现系统的转换
第4级解法	检测与测量	间接法	43	替代测量法
			44	复制后测量
			45	连续的多级测量
		合成测量系统物质-场	46	构建完整的测量物-场
			47	在测量时引入添加物改变原始系统
			48	在环境中加入添加物
			49	分解或改变环境中已有物体创造添加物
		加强测量物质场	50	运用自然的物理现象
			51	应用样本的谐振
			52	应用所加入物体的谐振
		转换为物质-磁场	53	在系统中预设铁磁物质(或磁场)
			54	可测的物质-磁场
			55	合成可测量的铁-场模型
			56	与环境一起的可测量的铁-场模型
			57	测量与磁学相关的自然现象的影响
		可测量系统的进化方向	58	过渡到双系统或聚系统
			59	进化性测量(及时测量一级与二级派生物)

(续)

			60	间接方法。如用"非物质"代替实物，引入场来代替物质等
第5级解法	使用标准解的标准	添加物质	61	分裂物质
			62	物质的自消失
			63	采用大量附加物
		使用场	64	运用一种场产生另一种场，
			65	运用环境中现有的场
			66	运用场源物质
		物相转换	67	物质相变Ⅰ：变换相态
			68	物质相变Ⅱ：动态化相态
			69	相位转换Ⅲ：利用相位改变伴随发生的现象
			70	相位转换Ⅳ：转换成两相位状态
			71	相位的交叉作用
		应用物理作用的特性	72	自我控制转换
			73	放大输出场
		产生粒子	74	通过分解获得物质微粒
			75	通过综合获得物质微粒
			76	合理运用74和75两种标准解决方案

附录4 科学效应和现象清单

功能号	实现的功能	TRIZ推荐的科学效应和现象	
1	测量温度	热膨胀,热双金属片,珀耳帖效应,汤姆逊效应,热电现象,热电子发射,热辐射,电阻,热敏性物质,居里效应,巴克豪森效应,霍普森效应	
2	降低温度	一级相变,二级相变,焦耳-汤姆逊效应,珀耳帖效应,汤姆逊效应,热电现象,热电子发射	
3	提高温度	电磁感应,电介质,焦耳-楞次定律,放电,电弧,吸收,发射聚集,热辐射,珀耳帖效应,汤姆逊效应,热电现象,热电子发射	
4	稳定温度	一级相变,二级相变,居里效应	
5	探测物体的位移和运动	引入易探测的标识	标记物,发光,发光体,磁性材料,永久磁铁
		反射和反射线	反射
			发光体
		反射和反射线	感光材料,光谱,放射现象
		形变	弹性变形,塑性变形
		改变电场和磁场	电场,磁场
		放电	电晕放电,电弧,火花放电
6	控制物体位移	磁力	
		电子力	安培力,洛伦兹力
		压强	液体或气体的压力,液体或气体的压强
		浮力,液体动力,振动,惯性力,热膨胀,热双金属片	
7	控制液体和气体的运动	毛细现象,渗透,电泳现象,Thoms效应,伯努利定律,惯性力,韦森堡效应	
8	控制浮质(如烟、雾等)的流动	起电,电场,磁场	
9	搅拌混合物,形成溶液	弹性波,共振,驻波,振动,气穴现象,扩散,电场,磁场,电泳现象	
10	分解混合物	在电场或磁场中分离	电场,磁场,磁性液体,惯性力,吸附作用
		在电场或磁场中分离	扩散,渗透,电泳现象
11	稳定物体位置	电场,磁场,磁性液体	
12	产生/控制力,形成高的压力	磁力,一级相变,二级相变,热膨胀,惯性力,磁性液体,爆炸,电液压冲压,电水压震扰,渗透	

(续)

功能号	实现的功能	TRIZ推荐的科学效应和现象	
13	控制摩擦力	约翰逊-拉别克效应，振动，低摩阻，金属覆层润滑剂	
14	解体物质	放电	火花放电
			电晕放电
			电弧
		电液压冲压、电水压震扰，弹性波，共振，驻波，振动，气穴现象	
15	积蓄机械能与热能	弹性变形，惯性力，一级相变，二级相变	
16	传递能量	对于机械能	形变，弹性波，共振，驻波，振动，爆炸，电液压冲压、电水压震扰
		对于热能	热电子发射，对流，热传导
		对于辐射	反射
		对于电能	电磁感应，超导体
17	建立移动和固定物体间的交互作用	电磁场，电磁感应	
18	测量物体尺寸	标记	起电，发光，发光体
		磁性材料，永久磁铁，共振	
19	改变物体尺寸	热膨胀，形状记忆合金，形变，压电效应，磁弹性，压磁效应	
20	检查表面状态和特征	放电	电晕放电，电弧，火花放电
		反射，发光体，感光材料，光谱，放射现象	
21	改变表面性质	摩擦力，吸附作用，扩散，包辛格效应	
		放电	电晕放电，电弧，火花放电
		弹性波，共振，驻波，振动，光谱	
22	检查物体容量的状态和特征	引入容易探测的标志	标记物，发光，发光体，磁性材料，永久磁铁
		测量电阻值	电阻
		反射和放射线	反射，折射，反光体，感光材料，光谱，放射现象，X射线
		电-磁-光现象	电-光和磁-光现象，固体的(场致、电致)发光，热磁效应(居里点)，巴克豪森效应，霍普森效应，共振，霍尔效应
23	改变物体空间特性	磁性液体，磁性材料，永久磁性，冷却，加热，一级相变，二级相变，电离，光谱，放射现象，X射线，形变，扩散，电场，磁场，珀耳帖效应，热electric现象，包辛格效应，汤姆逊效应，热电子发射，热磁效应(居里点)，固体(的场致电致)发光，电-光和磁-光现象，气穴现象，光生伏打效应	

(续)

功能号	实现的功能	TRIZ推荐的科学效应和现象		
24	形成要求的结构，稳定物体结构	弹性波，共振，驻波，振动，磁场，一级相变，二级相变，气穴现象		
25	探测电场和磁场	渗透		
		带电放电	电晕放电	
			电弧	
			火花放电	
25	探测电场和磁场	压电效应，磁弹性，压磁效应，驻极体、电介体、固体的(场致、电致)发光，电-光和磁-光现象，巴克豪森效应，霍普森效应，霍尔效应		
26	探测辐射	热膨胀，热双金属片，发光体，感光材料，光谱，放射现象，反射，光生伏打效应		
27	产生辐射	放电	电晕放电，电弧，火花放电	
		发光，发光体，固体的(场致、电致)发光，电-光和磁-光现象，耿氏效应		
28	控制电磁场	电阻，磁性材料，反射，形状，表面，表面粗糙度		
29	控制光	反射，折射，吸收，发射聚焦，固体的(场致、电致)发光，电-光和磁-光现象，法拉第效应，克尔效应，耿氏效应		
30	产生及加强化学变化	弹性波，共振，驻波，振动，气穴现象，光谱，放射现象，X射线		
		放电	电晕放电，电弧，火花放电	
		爆炸，电液压冲击，电水压震扰		

参 考 文 献

[1] [苏] Саламатв Юрий Петрович. 怎样成为发明家——50小时学创新造 [M]. 王子羲, 郭越红, 高婷, 等译. 北京: 北京理工大学出版社, 2006.

[2] Altshuller G. 创新算法——TRIZ、系统创新和技术创造力 [M]. 谭培波, 茹海燕, 译. 武汉: 华中科技大学出版社, 2008.

[3] 赵新军. 技术创新理论(TRIZ)及应用 [M]. 北京: 化学工业出版社, 2004.

[4] 杨清亮. 发明是这样诞生的——TRIZ理论全接触 [M]. 北京: 机械工业出版社, 2006.

[5] 黄纯颖, 高志, 于晓红, 等. 机械创新设计 [M]. 北京: 高等教育出版社, 2000.

[6] 赵敏, 胡钰. 创新的方法 [M]. 北京: 当代中国出版社, 2008.

[7] 檀润华. 创新设计TRIZ: 发明问题解决理论 [M]. 北京: 机械工业出版社, 2002.

[8] Mann D L. Better technology forecasting using systematic innovation methods [J]. Technological Forecasting and Social Change, 2003, 70(8): 779-795.

[9] 何川, 张志远, 张珣, 张鹏. TRIZ的研究与应用 [J]. 机械工程师, 2004(7): 3-6.

[10] Iouri B. Solving Problems With Method of the Ideal Result. http://www.triz-journal.com/archives/1999/07/18k.

[11] Denis C., Philippe L., Dmitry K. Converging in Problem Formulation: A Different Path in Design. http://www.triz-journal.com/archives/2002/12/d/04.pdf 190k 08/Jul/2009.

[12] Ives de Saeger, Eddy Claeys. Strengthening the 40 Principles. http://www.triz-journal.com/archives/2008/12/04.

[13] Mann, D. L. Evolving the Inventive Principles, http://www.triz-journal.com/archives/2002/08/d/index.htm.

[14] Cong H., Tong, L. H. Similarity Between TRIZ Principles, http://www.triz-journal.com/archives/2005/09/04.pdf.

[15] Ramkumar Subramanian, Applying TRIZ in Information Technology Outsourcing, http://www.triz-journal.com/archives/2007/03/04/59k.

[16] Prakasan Kappoth, Kushagra Mittal and Priya Balasubramanian Case Study: Use TRIZ to Solve Complex Business Problems. http://www.triz-journal.com/archives/2008/10/02/.

[17] Abram Teplitskiy, Roustem Kourmaev, Solving Technical Contradictions in Construction with Examples. http://www.triz-journal.com/archives/2005/07/04.pdf, 624k 08/Jul/2009.

[18] 黄庆, 周贤永, 杨智懿. TRIZ技术进化理论及其应用研究述评与展望 [J], 科技政策与管理, 2009(4): 58.

[19] 高常青, 黄克正, 王国锋, 等. 由TRIZ理论的通用解求问题的特殊解 [J]. 中国机械工程, 2006, 17(1): 84-87.

[20] 张付英, 张林静, 王平. 基于TRIZ进化理论的产品创新设计 [J]. 农业机械学报, 2008, 39(2): 116-119.

[21] Fey, V. R., Rivin, E. I. Guided technology evolution(TRIZ technology forecasting). [J/0L]. TRIZ Journal, 1999, [2008-08-25]. http://www.triz-journal.com.

[22] Zlotin, B., Zusman, A. Directed evolution: Philosophy, theory and practice [M]. Farmington Hills, MI: *Ideation International Inc.*, 2001.

[23] Slocum, M. S., Lundberg, C. O. Self-heating container developments predicated on the theory of incentive problemsolving [J/0L]. TRIZ Journal, 2001, [2008-8-25]. http://www.triz-jour-

nal. com.

[24] Slocum, M. S., Lundberg, C. Technology forecasting: Fromemotional to empirical [J/OL]. TRIZ Journal, 2001, [2008-8-25]. http://www.triz-journal.com.

[25] Petrov, V. The laws of system evolution [J/OL]. TRIZ Journal, 2002, [2008-08-25]. http://www.triz-journal.com.

[26] Domb, E. Strategic TRIZ and tactical TRIZ: Using the technology evolution tools [J/OL]. The Journal of the Ahshuller Institute, 1999, [2008-08-25]. http://www.triz-journal.com

[27] Zusman, A., Zlotin, B., Zainiew, G. An application of directed evolution [J/OL]. 2001, [2008-08-25]. http://www.ideationtriz.com/Endoscopic-case study.asp.

[28] Clarke, D. W. Strategically evolving the future: Directed evolution and technological systems development [J]. Technological Forecasting and Social Change, 2000, 64(2/3): 133-153.

[29] Domb, E. Strategic TRIZ and tactical TRIZ: Using the technology evolution tools. [J/OL]. TRIZ Journal, 2000, [2008-08-25]. http://www.triz-journal.com.

[30] Fey, V. Dilemma of a radical innovation: A new view on the law of transition to a micro-level [J/OL]. TRIZ Journal, 1999, [2008-08-25]. http://www.triz-journal.com.

[31] Mann, D. Using S-Curves and trends of evolution in R&D strategy planning [J/OL]. TRIz Joumal, 1999, [2008-08-25]. http://www.triz-journal.com.

[32] Mann, D. Evolutionary-potential? In technical and business systems [J/OL]. TRIZ Journal, 2002, [2008-8-25]. http://www.triz-journal.com.

[33] Mann, D. Fan technology: Evolutionary potential and evolutionary limits [J/OL]. TRIZ Journal, 2004, [2008-08-25]. http://www.triz-journal.com, 2004.

[34] Mann, D. Influence of S-Curves on use of inventive principles [J/OL]. TRIZ Journal, 2000, [2008-8-25]. http://www.triz-journal.com.

[35] Mann, D. Trimming evolution patterns for complex systems. [J/OL]. TRIZ Journal, 2000, [2008-8-25]. http://www.triz-journal.com.

[36] Sawaguchi, M. Study of effective new product development activities through combination of patterns of evolution of technological system and VE [J/0]. TRIZ Journal, 2001, [2008-8-25]. http://www.triz-journal.com.

[37] Zhang, J., Tan, R., Chen, Z., et al. Research on product technology evolutionary potential mapping system based onTRIZ [C]. International Conference on Wireless Commu nica-tions, Networking and Mobile Computing 2007, Shanghai, China: 2007.

[38] 檀润华, 苑彩云, 张瑞红, 等. 基于技术进化的产品设计过程研究 [J]. 机械工程学报, 2002 (12): 60-65.

[39] 檀润华, 张青华. TRIZ中技术进化定律、进化路线及应用 [J]. 工业工程与管理, 2003(1): 34-36.

[40] 檀润华, 马建红, 张换高, 张瑞红. 技术进化驱动的产品概念设计宏观过程模型 [J]. 中国机械工程, 2003(11): 959-963.

[41] 马力辉, 檀润华. 基于TRIZ进化理论和TOC必备树的冲突发现与解决方法 [J]. 工程设计学报, 2007(3): 177-180.

[42] 丁俊武, 韩玉启, 郑称德. 基于TRIZ的产品需求获取研究 [J]. 计算机集成制造系统, 2006 (5): 648-653.

[43] 张建辉, 檀润华, 杨伯军, 等. 产品技术进化潜力预测研究田 [J]. 工程设计学报, 2008(3): 157-163.

[44] 张武城. 技术创新方法概论 [M]. 北京: 科学出版社, 2009.

[45] Altshuller G,等. 创新问题解决实践[M]. 姜台林,译. 桂林:广西师范大学出版社,2008.
[46] 沈世德. TRIZ简明教程[M]. 北京:机械工业出版社,2010.
[47] 王昌,魏闯. ARIZ算法在注塑模具设计冲突问题中的应用研究[J]. 机械设计与制造,2009,(9):230-232.
[48] 林岳. 系统化的计算机辅助创新解决方案[J]. 电脑开发与应用,2005,18(12):4-6.
[49] Michael S. Slocum. Su-Field Analysis-Model Solutions http://www.triz-journal.com/content/c070409a.asp.
[50] John Terninko, Ellen Domb, Joe Miller, The Seventysix Standard Solutions, with Examples Class 4. http://www.triz-journal.com/archives/2000/06/e/index.html.
[51] John Terninko, Ellen Domb, Joe Miller, The Seventysix Standard Solutions with Examples Class5. http://www.triz-journal.com/archives/2000/07/b/index.htm.
[52] Altshuller, G., Creativity as an Exact Science[M]. *Gordon and Breach Science Publishers*, New York, 1988.
[53] Hongyul Yoon. Case Study: Use ARIZ-85 to Isolate Target Proteins. http://www.triz-journal.com/archives/2008/11/05/.
[54] Vladimir Petrov. Logic of ARIZ. http://www.triz-journal.com/archives/2005/11/09.pdf
[55] Kraev's Korner. ARIZ-Lesson 9. http://www.triz-journal.com/archives/2007/06/06/49k.